田园综合体助力乡村振兴战略

——山东省东营市垦利区田园综合体规划实例

◎ 信 军 编著

中国农业科学技术出版社

图书在版编目（CIP）数据

田园综合体助力乡村振兴战略：山东省东营市垦利区田园综合体规划实例／
信军编著．—北京：中国农业科学技术出版社，2019.1
　ISBN 978-7-5116-3988-2

Ⅰ.①田…　Ⅱ.①信…　Ⅲ.①观光农业-农业发展-研究-东营　Ⅳ.①F327.523

中国版本图书馆 CIP 数据核字（2018）第 285063 号

责任编辑　　徐　毅
责任校对　　马广洋

出 版 者　　中国农业科学技术出版社
　　　　　　北京市中关村南大街 12 号　邮编：100081
电　　话　　（010）82106631（编辑室）　　（010）82109702（发行部）
　　　　　　（010）82109709（读者服务部）
传　　真　　（010）82106631
网　　址　　http：//www.CASTP.cn
经 销 者　　各地新华书店
印 刷 者　　北京建宏印刷有限公司
开　　本　　710mm×1 000mm　1/16
印　　张　　11.75
字　　数　　200 千字
版　　次　　2019 年 1 月第 1 版　2019 年 1 月第 1 次印刷
定　　价　　50.00 元

《田园综合体助力乡村振兴战略》
编　委　会

主 编 著: 信　军

参编人员:（按姓氏笔画排序）

杨秀春　杨　树　李　娟　郑　末

侯艳林　董　民　谢秋艳　潘思旋

前　言

党的"十九大"报告指出：实施乡村振兴战略，农业农村农民问题是关系国计民生的根本性问题，要解决"三农"问题必须坚持农业农村优先发展，按照产业兴旺、生态宜居、乡风文明、治理有效、生活富裕的总要求，建立健全城乡融合发展体系，加快推进农业农村现代化。要实现乡村振兴战略，提升乡村产业供给体系的质量，保持乡村经济发展的旺盛活力，实现要素融合、产业融合和城乡融合发展的目标，就必须着眼于"新田园时代"背景，在城乡融合发展中创造"现代田园"。2017年中共中央国务院一号文件（简称中央一号文件，全书同）首次提出"田园综合体"的概念，指出"支持有条件的乡村建设以农民合作社为主要载体、让农民充分参与和受益，集循环农业、创意农业、农事体验于一体的田园综合体，通过农业综合开发、农村综合改革转移支付等渠道开展试点示范"。"田园综合体"的提出是中央在新形势下对农业农村发展的重大政策创新，符合实施乡村振兴战略的总体发展要求。

基于对田园综合体建设在新时期下促进农业农村可持续发展重大意义的充分认识，深入推进农业供给侧结构性改革，落实山东省、中共东营市委关于园区升级战役的工作要求，垦利区人民政府结合区域全域旅游战略的实施，整合各方面资源，遵循农村发展规律和市场经济规律，构建企业、合作社和农民利益的联结机制，积极打造集循环农业、创意农业、农事体验于一体的田园综合体，实现田园生产、田园生活、田园生态的有机统一和一二三产业的深度融合，走出一条集生产美、生活美、生态美"三生三美"的乡村发展新道路。本书精选中国农业科学院农业资源与农业区划研究所承担的11个垦利区田园综合体试点项目系列规划部分内容，总结垦利田园综合体规划实践中的模式创新。

本书共6章，第一章系统论述田园综合体的提出背景和建设意义，阐明其实质内涵、特征及组成要素；第二章归纳总结垦利区田园综合体建设优势和模式特点；第三章至第六章为系列规划中4个各具特色的案例选编，供农业科研单位、工程咨询、规划部门以及相关专业人员参考。

编 者

2018 年 11 月

目 录

第一章　研究背景及意义

第一节　田园综合体内涵、特征及组成要素

2017 年中央一号文件指出："支持有条件的乡村建设以农民合作社为主要载体、让农民充分参与和受益，集循环农业、创意农业、农事体验于一体的田园综合体，通过农业综合开发、农村综合改革转移支付等渠道开展试点示范。"田园综合体的"横空出世"，引起专家学者、实际工作者、新闻媒体等各个方面的热议。普遍认为，它是农业农村发展的一种新的综合模式，是农业供给侧结构性改革的突出亮点，意义重大。

一、田园综合体的内涵

"田园综合体"是一个乡村发展平台，它以农业生产和乡村田园景观为基础，以农民为参与主体，以观光休闲功能为主题，融合"生产、生活、生态"功能，集农业生产、农民就业、休闲文旅、商业服务、田园社区为一体，拓展现代农业原有的研发、生产、加工、销售产业链，使传统功能单一的农业及农产品成为现代休闲产品的载体，发挥产业价值的乘数效应，最终形成的是一个新的社会、新的社区。"田园综合体"是新田园主义的主要载体，是在城乡一体化格局下，工业化、城镇化发展到一定阶段，顺应农业供给侧结构性改革、生态环境可持续、新产业新业态发展，结合农村产权制度改革，实现中国乡村现代化、新型城镇化、社会经济全面发展的一种可持续模式。

二、田园综合体的特征

（一）以产业为基础

田园综合体以农业为基础性产业。在进行田园综合体开发的过程中主要

进行的开发有：田园景观开发、休闲旅游开发、山水景观开发、农耕景观开发、休闲生态开发等，在进行开发的过程中应当将各个层面的开发内容相结合，要能够保证整体开发的统一性，企业承接农业，以农业产业园区发展的方法提升农业产业，尤其是现代农业，形成当地社会的基础性产业。

（二）以文化为灵魂

乡村是中华文化的源头，中国几千年积累的传统文化精华大多与农村、农业息息相关。田园综合体要把当地世代形成的风土民情、乡规民约、民俗演艺等发掘出来，让人们可以体验农耕活动和乡村生活的苦乐与礼仪，以此引导人们重新思考生产与消费、城市与乡村、工业与农业的关系，从而产生符合自然规律的自警、自醒行为，在陶冶性情中自娱自乐。

（三）以体验为活力

田园综合体是生产、生活、生态及文化灵魂的综合体，将农业生产、农耕文化和农家生活变成商品出售，让城市居民身临其境体验闲适、体验农事、体验自然风光，满足愉悦身心的需求，形成新业态。

（四）以旅游为先导

乡村旅游已成为当今世界性的潮流，田园综合体顺应这股大潮应运而生。旅游业可作为驱动性的产业选择，带动乡村社会经济的发展，一定程度地弥合城乡之间的差距，而解决物质水平差距的办法，是创造城市人的乡村消费。

（五）以乡村复兴为目标

田园综合体的发展是乡与城的结合、农与工的结合、传统与现代的结合、生产与生活的结合，遵循乡村发展规律，保留乡村特色风貌，有效地将科技和人文要素融入农业生产，进一步拓展农业功能、整合资源，把传统农业发展为融生产、生活、生态为一体的现代农业，给那些日渐萧条的乡村注入新的活力，重新激活价值、信仰、灵感和认同的归属。

三、田园综合体的组成要素

（一）景观吸引核心：吸引人流、提升土地价值的关键所在

依托观赏型农田、瓜果园，观赏苗木、花卉展示区，湿地风光区，水际风光区等，使游人身临其境的感受田园风光、体验农业魅力。

（二）休闲聚集区：为满足客源的各种需求而创造的综合产品体系

包括农家风情建筑（如庄园别墅、小木屋、传统民居……）、乡村风情活动场所（如特色商业街、主题演艺广场……）、垂钓区等。休闲聚集区使游人能够深入农村特色的生活空间，体验乡村风情活动，享受休闲农业带来的乐趣。

（三）农业生产区：生产性主要功能部分

让游人认识农业生产全过程，在参与农事活动中充分体验农业生产的乐趣。同时，还可以开展生态农业示范、农业科普教育示范、农业科技示范等项目。

（四）居住发展带：城镇化主要功能部分

居住发展带，是田园综合体迈向城镇化结构的重要支撑。通过产业融合与产业聚集，形成人员聚集，形成人口相对集中居住，以此建设居住社区，构建了城镇化的核心基础。

（五）社区配套网：城镇化支撑功能

服务于农业、休闲产业的金融、医疗、教育、商业等，我们称为产业配套。而与此结合，服务于居住需求的居民，同样需要金融、医疗、教育、商业等公共服务，由此，形成了产区一体化的公共配套网络。

第二节　田园综合体是实现乡村振兴战略的
　　　　主抓手与主平台

从党的"十九大"报告首次提出要按照产业兴旺、生态宜居、乡风文明、治理有效、生活富裕的总要求实施乡村振兴战略，到中央农村工作会议提出实施乡村振兴战略的目标任务和基本原则，以及2017年中央一号文件提出乡村振兴战略的目标任务、时间表和路线图，再到政府工作报告提出要大力实施乡村振兴战略……表明乡村振兴战略作为我们党治国理政的重事，正在扎实推进，层层落实。实施乡村振兴战略，提升乡村产业供给体系的质量，保持乡村经济发展的旺盛活力，实现要素融合、产业融合和城乡融合发展，必须着眼于"新田园时代"背景，在城乡融合发展中创造"现代田园"。实施乡村振兴战略，重点是打造产、镇、人、文、治兼备的乡村新生活载体，在深入推进农业供给侧结构性改革，加快培育农业农村发展新动能的新阶段，2017年中央一号文件提出的田园综合体契合乡村振兴战略的发展要求。建设田园综合体，核心是要提供一个机制创新和融合发展的新平台、新载体、新模式，对于培育农业农村发展新动能、加快城乡一体化步伐、推动农业农村实现乡村振兴发展具有深刻的历史意义和重要的现实意义。

田园综合体不同于以往的"传统村落""美丽宜居村落""乡村旅游村落"等乡村发展政策。它一方面保证农村特色的传承，满足人们对于回归乡土的需求；另一方面完善农村特色生活模式，提高农村经济发展速度，促进农村与城市的经济交流，创新城乡发展、将乡村的在地资源与企业的科技、金融资源结合起来，形成产业变革带来的社会发展，重塑中国乡村的美丽田园、美丽小镇。

一、田园综合体将成为农业供给侧结构性改革新的突破口

2017年中央一号文件指出："当前，我国农业的主要矛盾由总量不足转变为结构性矛盾，突出表现为阶段性供过于求和供给不足并存，矛盾的主要方面在供给侧，需要积极探索供给侧结构改革。"近年来，我国将农业供给侧改革作为转化"三农"发展动能的主要抓手，进行了多项改革尝试，下一步如何让农民充分受益，让投资者增加收益，将是"三农"领域改革面临的新挑战。田园综合体建设坚持以农业为主导，坚持姓农、富农、为农理念，以空间创新带动产业优化、链条延伸，有助于实现一二三产深度融合，促进产业经济结构的多元化，在继续增加农产品总量、提高农产品质量的同时，突出挖掘农业在美化环境、康养服务、农事体验等方面的溢出功能，打造具有鲜明特色和竞争力的"新第六产业"，实现现有产业及载体（农庄、农场、农业园区、农业特色小镇等）的升级换代，将极大地推动农业供给侧的有效改革。

二、田园综合体将成为促进城乡一体化发展的有效模式

中央城市工作会议指出："我国城镇化必须同农业现代化同步发展，城市工作必须同'三农'工作一起推动，形成城乡发展一体化的新格局"。田园综合体正是一种实现城市与乡村互动的一种商业模式。城乡一体化，首先要解决的是"人的城市化"。城乡融合发展，绝不仅仅是农村的要素流向城

市，城市的要素（资本、技术、管理）和资源（经济、社会、文化等资源）也要流向农村。工业化、城镇化进程中，一部分村庄的消亡不可避免，但一部分村庄仍然要长期存在，生态宜居的美丽乡村建设意味着农村不能再延续农业兼业化、农民老龄化、农村空心化的状况。在田园综合体的发展过程中会有大量的城市居民到农村进行消费，这样能够让农村在发展的过程中将第一产业和第三产业融合，同时，让城市居民了解乡村文化，让更多的农村人接触到城市文明，让两者之间形成良性的互动模式。从城乡统筹发展的视角出发，打破城市和乡村相互分隔的壁垒，逐步实现城乡经济和社会生活紧密结合与协调发展，逐步缩小城乡差距，使城市和乡村融为一体，而田园综合体正是形成城乡经济社会一体化、乡村振兴新格局的重要载体。

三、田园综合体将成为农村生产生活生态统筹推进的新形式

"三生融合"，就是生产不离生活，生产、生活不离生态，三者互为因果，互相促进，这样才能打造出高品质的生活、高效率的生产、高文明的生态。"三生同步"才能使农业产业得到跨越式发展，农民生活得到跨越式提升，农村形象得到跨越式美化。田园综合体的田园风光、乡野氛围、业态功能等，加之优良的生态环境和循环农业模式，能够更好迎合和满足城市居民对生态旅游和乡村体验的消费需求，在经济价值、生态价值和生活价值上获得均衡的人类"生的空间"，将现代农业生产空间、居民生活空间、游客游憩空间、生态涵养发展空间等功能版块进行组合，并在各部分间建立一种相互依存、相互裨益的能动关系，遵照中国乡村自古以来的田园居住特色，使生产、生活和生态融合互动发展，促进乡村振兴，全方位提升农民的幸福指数。

四、田园综合体将成为改造农村生产经营方式的有效途径

实现乡村振兴，产业兴旺是基础，"农业+文化+旅游"是田园综合体建设基本产业模式，也是使农业产业溢出文化、旅游、康养等新功能的着眼点和落脚点。一个完善的田园综合体应是一个涵盖农林牧渔、加工、制造、餐饮、旅游等行业，以后进一步会囊括进科技、健康、旅游、养老、创意、休闲、文化、会展、培训、检测、加工、电商、贸易、物流、金融等丰富多元的维度，构成相互融合、相互促进的三产融合体。田园综合体采用企业为主，政府搭桥，农民参与，多方共建的开发方式，在乡村社会进行大范围整

体、综合的规划、开发、运营，引发了科技、管理、生产销售模式等一系列变化，将推动农业发展方式、农民增收方式、农村生活方式、乡村治理方式的深刻调整，促进农业生产体系、产业体系、经营体系的优化完善，全面提升农业综合效益和竞争力，使农业农村发展处于前所未有的新方位，从而实现乡村发展历史性转变。

五、田园综合体将成为精准扶贫的新路径

现代农业不仅有传统的产品供给、劳动就业等功能，还有文化传承、观光休闲、生态保育等多种功能，这正是田园综合体实现产业融合、培育新产业新业态的基础。田园综合体的核心在于推动区域经济发展，让农民充分参与和受益，赋予了农民及其从事的产业自主"造血"的功能。由于田园综合体建设过程中的用工需求及当地经济的发展，势必会使外出务工人员回流，农民参与田园综合体建设的过程，既是学习的过程，也是向新型农民转型的过程；同时，那些与田园相关的农事活动、风土人情、自然景观等将成为吸引城市人前往乡村进行休闲观光体验的主要推动力，增加当地休闲旅游收入。按市场规律生成的田园共同体中每个个体都将围绕共同的利益，建立相互联系、相互支撑、休戚与共、和谐共处、平等共生的紧密关系。各种扶贫政策和资金，可以精准对接到田园综合体这一"综合"平台，释放更多红利和效应，让农民有更多获得感，让"三农"有可持续发展支撑，让农村真正成为"希望的田野"。

六、田园综合体将成为乡村复兴梦的核心动力

乡村最大的资源价值在于其田园诗画般的自然环境，因此，农业在承担农民增收农村繁荣职能的同时，还要承担生态保护的功能，在农村创新发展过程中既要使农村不仅能享受城市文明的发展成果，更要保持农业文明的田园风光和独有魅力，真正实现农业增效、农民增收、农村增绿。田园综合体，以乡村复兴为最高目标，以田园生产、田园生活、田园景观为核心组织要素，多产业多功能有机结合，是盛世乡愁的存放地。通过田园综合体，有助于实现城市文明和乡村文明的融合发展，为传承和发展我国传统农耕文化提供了契机，在满足人们回归乡土的需求时，让城市人流、信息流、物质流真正做到反哺乡村，促进乡村经济的发展，使乡村治理获得深层次支撑，助推实现美丽田园、和谐乡村。

乡村振兴，不仅是经济的振兴，还是生态、社会、文化、教育、科技的振兴，是一个系统工程；田园综合体是在原有的生态农业和休闲旅游的基础上进行延伸和发展，以产业升级、产品升级、地产综合开发模式带动乡村经济和文化发展，建设好田园综合体将对落实好十九大提出的"乡村振兴战略"起到重要的支撑作用。在注重政策支持和资金扶持的基础上，要科学确立推进路径，积极探索发展模式，因地制宜，综合施策，使田园综合体走上良性发展轨道，为农村的可持续发展提供文化内涵和经济支持，实现人与自然和谐发展现代化建设新格局。

第三节　田园综合体立项与申报

田园综合体作为休闲农业、乡村旅游的创新业态，是城乡一体化发展、农业综合开发、农村综合改革的一种新模式和新路径，以农民合作社为主要载体，让农民充分参与和受益，集循环农业、创意农业、农事体验于一体。开展田园综合体试点和农村综合性改革试点试验工作，是中央赋予财政部牵头完成的任务。

为贯彻落实好 2017 年中央一号文件有关精神，大力实施乡村振兴战略，财政部印发了《开展农村综合性改革试点试验实施方案》（财农〔2017〕53号），《关于开展田园综合体建设试点工作的通知》（财办〔2017〕29号），决定从 2017 年起在有关省份开展农村综合性改革试点试验、田园综合体试点工作。按照 3 年规划、分年实施的原则，中央财政安排资金 1.5 亿元，地方财政资金按中央财政资金的 50% 投入，3 年中央和有关省、自治区投入资金共计 2.25 亿元。

财政支持分为中央财政支持和省级财政支持。

国家级田园综合体每年 6 000~8 000 万元，连续 3 年，实行先建后补，分批拨付。

省级田园综合体由省级财政统筹安排，可根据各省具体情况而定，一般每年 3 000~6 000 万元。

国家级田园综合体申报部门为财政部农业司（国务院农村综改办）、国家农发办。

省级田园综合体申报部门为财政厅农发办。

申报田园综合体认定流程，包括8个步骤：总体规划→市、省初选→报农发办→实地评估→竞争答辩→项目公示→项目评议→批复立项。

申报条件田园综合体必须符合以下条件。

（1）功能定位准确。突出农业为基础的产业融合、辐射带动等主体功能，具备循环农业、创意农业、农事体验一体化发展的基础和前景。

（2）基础条件较优。区域内农业基础设施较为完备，农村特色优势产业基础较好，区位条件优越，核心区集中连片，发展潜力较大，农民合作组织比较健全，规模经营显著，龙头企业带动力强。

（3）生态环境友好。能落实绿色发展理念，保留青山绿水，积极推进山水田林湖整体保护、综合治理，践行看得见山、望得到水、记得住乡愁的生产生活方式。

（4）政策措施有力。地方政府积极性高，在用地保障、财政扶持、金融服务、科技创新应用、人才支撑等方面有基本保证。水、电、路、网络等基础设施完备。

（5）投融资机制明确。积极创新财政投入使用方式，鼓励各类金融机构加大金融支持田园综合体建设力度，严控政府债务风险和村级组织债务风险。

（6）带动作用显著。以农村集体组织、农民合作社为主要载体，组织引导农民参与建设管理，保障原住农民的参与权和受益权，实现田园综合体的共建共享。

（7）运行管理顺畅。可采取村集体组织、合作组织、龙头企业等共同参与建设田园综合体，盘活存量资源、调动各方积极性，通过创新机制激发田园综合体建设和运行内生动力。

总之，各地试点省有关单位，可以按照财政部门相关规定和要求，组织申报田园综合体项目，开展农村综合性改革试点试验工作，为落实2017年中央一号文件精神，积极推进农业供给侧结构性改革，加快培育农业农村发展新动能取得经验。

第二章　垦利区田园综合体建设模式创新

第一节　垦利区田园综合体项目由来

　　垦利区地处黄河入海口，是山东省"一体两翼"中"北翼"黄河三角洲地区的核心地区，黄河文化、石油文化、海洋文化在这里交汇碰撞。区域内土地（水）资源丰富，是我国粮棉生产基地之一，也是全国现代农业示范区东营市的农产品主要供给区，担负着率先实现农业现代化的重任。《东营市垦利区国民经济和社会发展第十三个五年规划纲要》中强调：加快建设黄蓝经济示范区、和美幸福新垦利；推进现代农业、生态旅游融合发展；以休闲、体验、娱乐为主题，开展特色、观光、体验、休闲农业旅游活动，提升黄河口生态旅游的知名度和影响力。《2017年东营市垦利区政府工作报告》中提出：积极培育农村经济新业态，发展休闲农业、观光农业、科技农业，引导农业"接二连三"，推进一二三产融合发展。拓展农业旅游观光、生态休闲、科技示范等功能，促进农业生产与生态休闲旅游深度融合，让农业景观化、景观生态化，全力打造中国独具特色的现代农业景观区。并将"争创国家级全域旅游示范区，打造黄河三角洲休闲旅游首选目的地"作为生态旅游业发展目标。随后出台的《山东省东营市垦利区全域旅游总体规划》，将垦利全域旅游整体定位为：功能复合、景城一体、新奇时尚、乐活动感的国家农业公园县、全域化田园乡村型旅游度假目的地，并形成"一心一廊一带五区"的全域旅游空间布局。

　　基于对田园综合体建设在新时期下促进农业农村可持续发展重大意义的充分认识，为贯彻中央一号文件精神，深入推进农业供给侧结构性改革，落实山东省、东营市委关于园区升级战役的工作要求，垦利区人民政府结合区域全域旅游战略的实施，整合各方面资源，遵循农村发展规律和市场经济规律，构建企业、合作社和农民利益的联结机制，积极打造集循环农业、创意农业、农事体验于一体的田园综合体，实现田园生产、田园生活、田园生态的有机统一和一二三产业的深度融合，走出一条集生产美、生活美、生态美"三生三美"的乡村发展新道路。

中国农业科学院农业资源与农业区划研究所承担垦利区 11 个田园综合体试点项目系列规划的编制工作，其中，包括以佛头黑陶文化为引领、深入挖掘独具特色的黄河文化内涵、引领特色小镇建设的胜利社区田园综合体；以果木种植、休闲采摘、畜牧养殖等建设为核心的金岸花园田园综合体；以渔业观光园、林果生态园、荷塘游赏园和草坪种植园为核心的刘王村田园综合体；以有机林果生产、休闲采摘、拓展体验为代表的前许村田园综合体；以采摘园、休闲垂钓园、新能源科普教育基地打造为核心的董集村田园综合体；以南美对虾养殖、光伏太阳能发电等项目建设为代表的二十师村云湖公园田园综合体；以果林花海、亲水娱乐平台等项目为核心的兴林田园综合体；以水生产业园、科技文化园等项目打造为核心的一村田园综合体，等等。

第二节　垦利区田园综合体建设优势

一、资源条件优越

（一）区位优势显著

垦利区地处黄河入海口，是山东省"一体两翼"的"北翼"黄河三角洲地区的核心地区，北部与京津塘地区相邻，南连青岛、烟台、威海等沿海开放城市，东部与东北亚地区邻近，是环渤海经济区、黄河经济带的结合部和交汇点。从东营市域看，垦利位于东营中心城区的西郊和北郊，是胜利油田的主要矿区。胜利黄河大桥、东营黄河公路大桥、利津黄河大桥等三桥飞架黄河天堑。胜利机场坐落在垦利区境内，荣乌高速穿境而过。12 条道路实现与东营中心城的全面链接，交通网络四通八达，纵横交错，区位优势显著。

（二）气候条件良好

垦利区地处暖温带，属北温带大陆性季风气候，虽濒临渤海，受大陆性季风影响明显，寒暑交替，四季分明。春季干旱多风沙；夏季高温多湿，降水集中；秋季温和凉爽，易发生秋旱；冬季寒冷少雨雪，四季分明，光能充足，雨热同季。年平均气温 19.4℃，年最高气温可达 37.5℃，最低气温 -12℃。年降水量 581.41mm。优越的气候条件适宜多种农作物生长。

（三）土地资源丰富

垦利是我国东部沿海地区土地后备资源最丰富的地区之一，黄河每年携沙造陆 2 万亩（1 亩＝666.7m²，下同）左右，使垦利成为全国"生长"土地最快的地区之一。全区面积 2 331 平方公里，其中，耕地 63.3 万亩，林地 21.9 万亩，草地 14.5 万亩，滩涂 52 万亩，未利用土地 130 万亩，人均占有土地 15.9 亩。

（四）生态环境优良

垦利区位于黄河入海口，是河流、海洋与陆地的交汇带，是世界上典型的河口湿地生态系统，具有多重生态界面，多重物质和动力系统交汇交融，陆地和淡水、淡水和盐水、天然和人工等多重生态系统交错分布。境内拥有国家级自然保护区，空气清新，生态良好，是我国东部地区少有的相对洁净之地。

（五）历史文化底蕴深厚

垦利是个典型的移民县，居民来自全国 11 个省、109 个县；这里是革命老区，是抗日战争时期山东省清河区的大后方，被誉为山东省的"小延安"；移民文化、红色文化与黄河文化、石油文化、生态文化、海洋文化融合交汇，形成了独具特色的黄河口文化，造就了垦利团结、和谐、包容、开放的文化特质。

二、产业发展基础坚实

垦利农业产业基础良好，发展势头迅猛。截至 2016 年年底，全区农林牧渔业总产值实现 41.96 亿元，农村居民可支配收入达到 15 605 元，较全国平均水平高 3 242 元。

（一）优势特色产业不断壮大

水稻是垦利主要粮食作物之一，具有高产、稳产和受自然灾害影响小的特点，2016 年全区水稻种植面积达到 20 万亩，初步形成了以一邦合作社、万隆农林等为代表的水稻生产龙头，产量高，品质好，叫响了"水城米仓""民丰社"等黄河口大米品牌。

垦利莲藕、食用菌远销日韩、阿联酋等国家，以黄河口莲藕、蜜桃为代表的果蔬产品的知名度、美誉度和竞争力不断提升，果蔬产业已成为全区增加农民收入的支柱产业。

近年来，垦利区把渔业作为农业经济基础产业、蓝色经济区主导产业和海洋战略性产业来培育，截至2016年，全区水产增养殖面积74万亩，其中，淡水养殖面积12万亩（池塘面积6万亩，水库面积6万亩），海水增养殖面积62万亩（滩涂面积14万亩，浅海护养面积48万亩）。全区实现水产品生产总产量16.6万吨，比2015年增长3.8%。渔业占农业总产值的比重连年超过40%，渔业已成为全区农民增收致富的支柱产业。

截至2016年年底，全区猪、牛、羊、禽存栏量分别达到14.12万头、2.87万头、9.23万只和272.32万只，出栏量分别达到27.96万头、3.02万头、14.55万只和827.48万只。全年肉蛋奶总产量10.31万t，同比增长8.24%。畜牧业总产值达到8.97亿元，占农林牧渔总产值比重的28.7%；已通过有机畜产品认证3个、无公害畜产品19个、无公害产地认证39个，培育开发了"万得信"牛肉、"伟浩"猪肉、"伟浩"鸡蛋、"三合情"鸡蛋、"彤艳"肉鸽、"缪老四"猪肉、"益生园"鸡蛋和"红柳"鸡蛋等8个地缘特征鲜明的黄三角系列畜产品注册商标。

（二）产业化经营快速发展

全区规模以上农业龙头企业达到70家，其中，国家级农业龙头企业1家、省级以上6家、市级以上44家，各类农民专业合作社541家（其中，合作联合社3家），家庭农场283家，其中省级示范农场1家，市级示范农场38家；现代农业园区建设步伐不断加快，形成以东营西郊现代农业示范区、黄河口现代农业示范区、黄河口现代农业产业园、现代渔业示范区"四大"万亩园区为龙骨框架的发展格局。

（三）农业支撑体系不断完善

农业装备水平大幅提升，各类农机户达到16 678个，农机专业合作社31个，农机维修服务点216个，农机经销网点59个，全区农机总动力52.76万kW，农机作业综合水平达到82%；农业服务体系逐步完善，新型职业农民培训不断强化，农产品质量监管力度不断加强，农业农村发展更具活力。

三、黄蓝战略叠加创造发展机遇

近年来，国家相继批复《黄河三角洲高效生态经济区发展规划》和《山东半岛蓝色经济区发展规划》两个重大项目，垦利作为黄蓝战略规划的叠加区，地位突出，发展条件优越，有着率先发展的必要性，正在向着黄蓝融合、海陆统筹、一体发展的方向迈进，面临前所未有的发展机遇。同时，东营市政府提出"率先全面建成小康社会，率先建成生态文明典范城市"的目标，将生态建设列入城市总体协调发展的高度，把破解发展与生态矛盾作为方向，坚持生态优先，通过发展生态产业，加强生态建设，走生态文明发展道路，着力创建生态文明典范城市。这些战略目标的实施无疑更好地在垦利附近集聚生产要素，发挥产业集群效应，扩大区域间的经济交流与合作、吸引外资。

四、全域实现旅游资源共享

垦利区风景旅游用地区面积 4 256.8平方公里，占全区土地总面积的1.83%，已有挂牌的A级旅游景区 8 处（其中，4A级 2 处、3A级 4 处、2A级 2 处），全区"省级旅游强乡镇" 6 个，"省级旅游特色村" 7 个，被评为"山东省旅游强县""山东省乡村旅游示范县"，旅游业发展基础较好。垦利区政府、旅游局积极推进全区全域旅游发展，《垦利县旅游发展总体规划》（2013—2025）提出，将垦利打造成中国旅游强县、黄河三角洲核心型旅游区、世界知名的河口型生态旅游地、山东黄金海岸线的著名休闲养生养心旅游目的地。《垦利县乡村旅游总体规划》（2014—2025）中提出：建设山东滨海大旅游格局中的乡村游核心景区，发展中国北方最大乡村休闲产品集群，构建以乡村旅游产业为龙头的乡村生态产业体系。《2017 年垦利区政府工作报告》提出：积极培育农村经济新业态，发展休闲农业、观光农业、科技农业，引导农业"接二连三"，推进一二三产融合发展。拓展农业旅游观光、生态休闲、科技示范等功能，促进农业生产与生态休闲旅游深度融合，让农业景观化、景观生态化，全力打造中国独具特色的现代农业景观区；并将"争创国家级全域旅游示范区，打造黄河三角洲休闲旅游首选目的地"作为生态旅游业发展目标。随后出台的《山东省东营市垦利区全域旅游总体规划》，将垦利全域旅游整体定位为：功能复合、景城一体、新奇时尚、乐活动感的国家农业公园县、全域化田园乡村型旅游度假目的地，并形成"一心一廊一带五区"的全域旅游空间布局。

第三节　垦利区田园综合体模式特点

田园综合体是在城乡一体化格局下，顺应农村供给侧结构改革、新型产业发展，结合农村产权制度改革，实现中国乡村现代化、新型城镇化、社会经济全面发展的一种可持续模式。田园综合体作为在 2017 年中央一号文件中明确提出的新型农业发展模式，是一种可以让企业参与、带有商业模式的顶层设计、城市元素与乡村结合、多方共建的"开发"方式，创新城乡发展，实现农业、文化、旅游"三位一体"，生产、生活、生态同步改善，一产、二产、三产深度融合中国乡村的美丽田园、美丽小镇。

垦利区在实践中，结合本地实际，对田园综合体概念进行了深入挖掘，创新性地丰富了田园综合体的内涵：在原有基础上，增加和明确了工商资本的介入、美丽乡村等实际载体。具体实施上重点解决四方面问题：农产品的安全供给和食品安全问题；承担企业和金融单位的党建场所；企事业单位培训和接待的团队建设基地；成为旅游的一个接入点，满足民众和游客的体验和食宿需求。

一、以农为本，保障农产品安全供给

田园综合体核心发展重点是以农为本，要确保田园综合体"姓农、务农、为农、兴农"的根本宗旨不动摇，因此农业产业发展是田园综合体的基础。田园综合体中的产业与当地的资源禀赋条件相匹配，以农村现有的产业为基础，优化升级，有利于增加当地农民就业、创业的机会和空间。建设田园综合体要以保护耕地为前提，提升农业综合生产能力，在保障粮食安全的基础上，发展现代农业，促进产业融合，提高农业综合效益和竞争力。在田园综合体的规划过程中，首先要考虑构建区域内重点产业，通过自然资源、经营主体、市场环境、农民参与度等各方面发展条件全面分析重点产业发展的优势所在，预计该产业发展产生的品牌的影响力和经济价值。

具体到垦利区田园综合体规划，产业体系建设中要立足全国粮棉生产基地和全国现代农业示范区良好的自然条件，积极发展优势、特色粮食蔬果（小麦、水稻、玉米，莲藕、蜜桃、猕猴桃、苹果等）和水产品（南美白对虾）生产，建设优质、高档、安全、标准化、品牌化农产品生产基地，保障市场的有效供给。同时，注重现代农业高新科技成果和设施装备的引进与推广，为全省特色农产品的生产做出示范及展示，成为全省特色农产品的动态展示窗口。根据不同项目的基础条件，重点产业选择各不相同，如主打林下经济的胜坨镇胜利社区、尚庄村田园综合体，主打有机果蔬生产的董集镇前许村黄河金滩田园综合体，主打社群互动农园的垦利街道双河镇村田园综合体，主打稻蟹共生、水产养殖的董集镇秦家村"清新活力农家"田园综合体、董集镇董集村"恒达乐秋"田园综合体、一村"藕香荷静"田园综合体和二十师村"云湖水岸花香"田园综合体；粮油果蔬水产多样发展的董集镇刘王村"绿梦田源"田园综合体、郝家镇八里村田园综合体和黄河口镇兴林村"多彩生态家园"田园综合体。

二、农旅融合，推进全域旅游战略实施

田园综合体在开展农业基本生产的同时，也需满足观光、休闲、贸易、物流等三产的要求，将农业从单一的第一产业向第二、第三产业延伸发展，三者之间又相互依存、相互促进，共同助推田园综合体的发展。田园综合体汇集独特的乡村民俗文化，通过建设休闲体验设施，开展休闲体验活动，将乡村休闲服务充分地渗透到农田景观中，让城乡居民的休闲从单一的观光向体验拓展。

垦利田园综合体规划在农旅融合项目设计中，依托相互交融的黄河文化、农耕文化、民俗文化，丰富文化内涵，推进农业产业与旅游、教育、文化等产业深度融合，通过开展寓教于农、寓教于乐地走进自然、体验农耕、亲近黄河等文旅融合的休闲娱乐活动，满足家庭休闲旅游活动需求。农旅融合项目整体可分为两类，一是以休闲采摘、科普教育、观光摄影、拓展体验等传统农事休闲体验类项目；二是文化展馆、创意基地、民俗广场、特色民宿等融入地方传统文化和产业特色的文化体验类项目。

垦利田园综合体承担的一项重要职能为构建垦利全域旅游的接入点，因此各项目根据重点产业选择不同设计有不同特色的农事体验活动，如以蔬果休闲采摘、拓展体验为主的董集镇黄河金滩田园综合体，以湿地观光、垂钓游船等亲水项目为主的董集镇秦家村"清新活力农家"田园综合体、胜坨镇尚庄村田园综合体和郝家镇八里村田园综合体，以科普教育、市民互动体验为特色的董集镇董集村"恒达乐秋"田园综合体和垦利街道双河镇村田园综

合体。在民宿接待项目设计中，重点以垦利传统民宿为基底，打造四合院式传统民宿接待点；同时，根据项目具体情况，开发几类独具特色的接待设施，如刘王村的牛栏民宿、前许村的浪漫贝壳屋等。创意文化挖掘方向：一为垦利本土黄河文化和农耕文化；二为重点产业文化挖掘。垦利田园综合体创意文化项目设计时两个方向均有涉猎，但各有侧重，如二十师村通过泥卤疗养、养生膳食、太极广场、食品安全展示中心等项目设计重点强调养生文化，同时，通过山东戏曲、秧歌、山东快书等民俗表演和泥人坊、染布坊、纺织坊、草叶工艺作坊等民间手工艺展示作坊项目设置挖掘当地民间艺术文化；胜利社区通过黄河口风情民宿、古文化风情街、黄河风情小镇、黑陶佛文化大讲堂、黑陶文化创意基地、佛头黑陶周边产品设计部落、佛头黑陶文化艺廊等项目设计打造鲁西北地区黄河风情田园小镇和佛头黑陶一二三产联动示范基地。

三、资本介入，推动多元投入体系构建

田园综合体项目参与主体多样，多主体利益诉求决定了田园综合体的建设资金来源渠道的多样性；同时，又需要考虑各路资金的介入方式与占比，比如政府做撬动资金，企业做投资主体，银行给贷款融资，第三方融资担保，农民土地产权入股等，这样就形成田园综合体开发的"资本复合体"。田园综合体需要整合社会资本，激活市场活力，但要坚持农民合作社的主体地位，防止外来资本对农村资产的侵占。

垦利田园综合体前期筹备工作就将工商资本引入和金融服务机构介入作为重点保障措施来抓，工商资本通过招商引资和龙头企业培育等方式参与田园综合体的建设和经营，同时，通过"企业+合作社"的模式，提高农民参与度，并实现利益共享；金融服务机构包括中国银行、工商银行、民生银行、浦发银行、中信银行、垦利农村商业银行、乐安村镇银行等多家金融机构为各项目提供定点信贷支持，保障前期运行费用。同时，在规划过程中考虑田园综合体项目的商业可持续性，考虑构建多元投入体系。

（一）创新投融资体制机制，构建多元化投融资体系

在政府投融资层面，应整合政府现有政策资源和资金渠道，引导各类资本支持参与战略性新兴产业、服务业、企业技改、重大基础设施、节能减排、生态环境等重点项目及改善民生项目，加快形成多元化的投融资体系。

在社会投融资层面，政府作为服务主体，应加强政策引导、优化金融发展环境、加强对企业的服务，建立和维护公平、公正的市场竞争秩序。进一步清理各种对民营资本投资的限制性、歧视性的政策和规定，积极支持民间资本设立商业银行、担保公司等金融机构。鼓励和支持企业通过上市、发行债券等方式扩大直接融资规模。对符合条件的大型企业，要支持它们进入资本市场，通过股票上市、发行企业债券、项目融资、股权置换等方式筹措资金，实现产业的规模化发展。

（二）建立健全贴息制度，引导金融资本参与

建立健全财政贷款贴息制度，财政每年拿出一定比例的预算安排作为贷款贴息，重点针对农业小额贷、重点主题园区建设和重大农业产业化项目贷款进行财政贴息，扩大融资渠道，促进农业主导产业做大做强。为确保财政贷款贴息资金推进项目现代农业建设，建议成立贷款贴息工作领导小组，具体负责组织、协调工作。农业部门负责组织、协调、政策宣传以及贷款户核准、贴息确认、技术培训等工作，财政部门负责对贷款贴息资金的审核、报账和拨付。制定小额贷款贴息资金管理办法，围绕重点主题园区及项目发展需求，科学确定扶持重点，将财政贷款贴息支持与产业结构调整相结合，统一规范操作规程，将财政贴息直接落实到贷款户。

（三）建立新型农业主体信用体系，顺应金融改革需求

制定实施垦利区"信用户、信用村、信用乡（镇）"评定工作实施方案，由区政府农业部门、镇政府部门人员和人行及其他金融机构人员，深入村委会，根据农户的申请情况，对农户进行调查摸底，按照人行制定的"信用户等级评定百分考察表"对农户的信用等级进行评定，划分 AAA、AA 或 A 级农户；然后根据不同的资信等级，对农户核定不同的授信额度，并建立农户档案，实行一户一档、一户一证。对评定结构实行动态管理，每年定期检查验收评审。在组织管理体系上，由人民银行搭建平台，引导农村金融机构、第三方评级机构全面进行交流磋商，就开展借款企业与农户信用评级合作达成共识，多方共同组成信用评级小组，对申请贷款的中小企业和农户实施联合信用评级，建立"先评级—后授信—再用信"的信贷管理模式。对信用记录良好、信用评级较高的农户和企业的信贷申请优先受理，并在贷款额度、期限、利率等方面给予优惠。

四、党建融合，创新乡村社会治理机制

田园综合体的建设是乡村振兴战略实施的重要抓手，建立健全党委领导、政府负责、社会协同、公众参与、法治保障的现代乡村社会治理机制，是实现乡村社会充满活力、和谐有序的有力保障。为破解现有园区结构调整、产业升级过程中，面临的经济发展动力不足、后续资源有限、产业集聚度不高、产城融合不充分等突出矛盾，垦利田园综合体建设中融入党建元素，探索实践"融合式"党建路径，有效激活园区发展的内生动力，形成起园区党建强、发展强，发展强、党建优的良好格局。具体措施包括如下内容。

（1）以田园综合体为平台，组织机关、企事业单位、乡村党员，开展多种形式党建活动和教育培训，加强党组织建设，提高党员综合素质，发挥党员在地方发展中的示范带动作用。同时，依托项目区，面向新型职业农民、下乡返乡人员等，开展农业产业相关的创新创业服务。

（2）通过项目区农耕生产、传统农业文化体验等，为项目运营企业、金融机构及各级政府机关等党员干部，提供党群共建平台，推动党的建设。通过田园综合体项目平台，开展组织共建、培训共抓、活动公办、工作共促，使党建与职工的生产、生活紧密相连，发挥党员帮扶促进村庄发展作用。

（3）以"两学一做"重要思想为指导，进一步加强和改进党的建设，不断巩固党的执政地位，扩大党的群众基础，坚持思想建设、组织建设、作风建设、制度建设和先进性建设一起抓，积极探索田园综合体与党建工作的长效机制。

在组织建设、党员培训、活动开展等方面，要合理整合企业、社区、农村等各类党建资源，始终坚持民生宗旨，开展各类服务，切实凝聚起抓党建惠民生的强大合力，让园区企业员工和社区居民在发展中有了更多的获得感、更强的幸福感。

第三章　胜坨镇胜利社区田园综合体规划实践

　　胜坨镇胜利社区田园综合体规划是本次系列规划中涉及范围最广、文化特色最浓、参与主体最多的项目，其规划以"农业转型、特色发展、生态优先、中心带动、集聚发展、商旅提升"为发展思路，采取"核心区＋辐射区"布局模式，重点建设"一带一核两组团"的发展核心区，并以核心区建设为引领，辐射带动整个田园综合体各项产业向标准化、示范化、规模化、集约化方向发展，最终形成垦利一流、山东领先、全国争先的田园综合体典型样板工程。该规划在重点产业选择、文化特色融入、总体布局方式、具体项目设计、保障体系构建等方面均有借鉴意义，现将规划部分节选如下。

第一节　规划范围与期限

　　本项目位于山东省东营市垦利区胜坨镇胜利社区，规划总面积 15 259 亩，其中，核心区 2 779.63 亩。项目地西北倚黄河与利津县相望，南边毗邻六干渠，东边紧靠胜坨镇。316 省道、临黄堤贯穿园区，交通便利，区位优势明显。规划期限为 2017—2020 年。

第二节　现状与发展分析

一、区域概况

（一）区位交通

　　胜坨镇地处垦利区西部，隔黄河与利津县相望，版图面积 181km²，辖

59 个行政村,农业人口 5.5 万人。黄河流经全境 28km,黄河滩区土地面积 2 万亩。辖区内南展大堤长 15km,南展区土地面积 7.6 万亩。市管河道广利河、溢洪河在胜坨镇王营村发源。辖区内有胜利和路庄引黄闸 2 座,胜利、路东、路南引黄干渠 3 条。

胜坨镇距东营火车站 14.4km,东营港 80km,距胜利机场 33km,S316 穿境而过,为与中心城一体化发展奠定了交通基础,陆海空立体大交通的框架基本形成,交通网络四通八达,纵横交错,优越的地理位置为垦利经济的发展提供了绝佳的条件。

本园区内,有 S316 省道、临黄堤及德州路 3 条重要道路,外部有南展堤路,交通便利,其中,德州路向东途径戈武村田园综合体、东王村田园综合体以及尚庄村田园综合体,成为串联四大田园综合体的重要道路。

(二)自然条件

胜坨镇地处黄河冲积平原上,地势西高东低,自西向东呈微倾斜,地面平坦,多为沙性土壤。镇境东西最大距离 26km,南北最大距离 22km,总面积 16 350hm²,耕地 5 930hm²。黄河穿该镇近 30km,境内有六干、胜干、诸家支、巴东支、巴西支、路东干渠、路南干渠等 10 处大中型引黄灌渠和广利河、溢洪河、六干排等排水河道,水利条件较好,灌溉面积 2 666hm²,但由于地下水位逐年升高,土地碱化严重,成为制约农业发展的主要因素。

(三)农业发展情况

胜坨镇现有耕地近 10 万亩,其中,小麦 4 万多亩、棉花 2 万多亩、水稻 1.3 万亩、莲藕 1 万多亩、其他农作物 1 万多亩;植树造林面积 6 万亩;淡水养殖面积 1.2 万亩;存栏生猪 10 万多头、奶牛 1 300 头、羊 4 000 只、禽类 17 万只。省级农业龙头企业 1 家、市级农业龙头企业 3 家、市级林业龙头企业 1 家,各类农民专业合作社 73 家,家庭农场 53 家,累计流转土地 5 万亩。有 21 个农产品获得有机产品认证、15 个农产品获得无公害产品认证、1 个农产品获得绿色产品认证。现有省农科院众兴小麦博士工作站、黄河口生态科技城、省农科院华强水生蔬菜示范种植基地等农业科研机构 3 家。

为提升农业产业化水平,促进农业适度规模经营,为城镇化提供产业支撑。胜坨镇在提升德胜奶牛、东旭牧业、陶园农业等传统园区的基础上,加大招商引资力度,引导和规范土地有序流转,加快培育新型农业经营主体,着力打造以黄河三角洲耐盐碱树种种质资源库、伟浩青少年学生校外活动基地、高效克隆快繁竹柳和彩叶林育苗基地、巨丰农业示范园、宏成农业循环经济示范园、宝桢农业生态园、胜利南展区绿色农业示范区、南展大堤休闲渔业示范区等新型农业经营主体，形成了"一库、两基地、三园、五区"的现代农业园区建设新格局。

（四）社会经济状况

胜坨镇是民营经济最为活跃的地区之一。2016 年全镇实现地区生产总值166 亿元，是 2011 年的 1.68 倍，年均增长 11%；地方财政一般预算收入2.06 亿元，是 2011 年的 1.87 倍，年均增长 13.37%；高新技术产业产值342.4 亿元，是 2011 年的 1.45 倍，年均增长 7.8%；工业用电量 4.4 亿 kW时，是 2011 年的 1.38 倍，年均增长 6.6%；农村居民人均可支配收入达到17 184 元；完成固定资产投资 52.7 亿元。

20 多年来逐步造就了中国万达、山东胜通、中国东辰等一大批国内外知名的企业集团，形成了精细化工、橡胶轮胎、石油机械、工业物流四大主导产业，成长起了一支会管理、善经营、开拓创新意识强的企业家队伍，抢占了部分发展先机。垦利精细化工园是省保留园区、东营市十大重点产业园区之一；园区总体规划面积 18km²，目前建成区面积近 10km²，已累计完成投资 300 多亿元；园区现有各类企业 180 余家，其中规模以上工业企业 42 家；2008 年 12 月，园区被国家商务部命名为"中国精细化工出口基地"。

胜坨镇加快提升总体设计规划，深入挖掘石油文化、遗址文化、民俗文化、佛教文化等资源，立足现有的产业基础和资源优势，定位发展方向，提升产业层次，打造经济繁荣、环境秀美、舒适宜居的特色小镇，重振胜坨发展优势，昂起镇域经济发展龙头。

二、发展条件分析（SWOT 分析）

（一）有利条件

1. 区位交通优越，发展空间巨大

本项目所在地距东营火车站 15km，东营港 60km，省道 316 贯穿园区全境，西面临黄堤路南北贯通，园区东边，德州路连接省道 316 和南展堤，内部与外部交通环境良好，优越的地理位置为胜利社区田园综合体的发展提供了绝佳的条件。

2. 自然条件优越，利于农业发展

垦利区是我国东部沿海地区土地后备资源最丰富的地区之一，黄河每年携沙造陆 2 万亩左右，使垦利成为全国"生长"土地最快的地区之一。本项目地西倚黄河，南临六干渠，水文资料丰富、土壤肥沃，利于农业发展。同时，丰富的林业资源使项目地形成微环境气候，空气清新、负氧离子含量高，是不可多得的天然氧吧，城市人放松身心、养生修佛、休闲观光的不二选择。

3. 生态环境独特，文化资源丰富

胜坨镇地理位置优越，自然资源丰富，文化历史悠久。黄河流经全镇 30km，六干灌渠、316 省道穿境而过，路东、路南干渠横亘东西，黄河大堤、南展大堤纵贯全境，胜利黄河渡口、宁海黄河渡口与利津县相连，形成独特的自然景观。2008 年，在胜坨镇海北村发现大量古瓷片及部分宋元古钱币、陶片，海北文化遗址作为全省百大新发现之一，已被国家文物部门封存，等待进一步考古开发。

项目所在地西依黄河，黄河文化、黑陶文化、佛教文化在这里交相辉映，文化底蕴深厚，具有发展休闲观光产业的先天优势。

4. 镇域经济发展强劲，荣誉众多

胜坨镇是胜利油田的发祥地。1965 年 2 月，我国第一口日产 1 134t 油井——坨 11 井在胜坨镇胜利村完钻，胜利油田由此得名。除石油产业外，胜坨镇经济社会各项事业取得长足发展，荣誉众多，先后荣获"全国重点镇""全国首批发展改革试点镇""全国环境优美乡镇""全国最适宜人居名镇""全国千强镇""国家卫生镇""全国文明镇""全国生态文明先进镇""山东省旅游强镇"等荣誉称号，成功入围中国乡镇综合实力 500 强和中国乡镇投资潜力 500 强。

（二）不利条件

1. 土壤脆弱，盐碱地治理难度大

本项目位于垦利区，垦利区位于黄河三角洲的扇形区的边缘，平均海拔低于 10m，地下水埋深浅且矿化度高。土壤存在盐碱化问题，黄河尾闾流路的摆动形成了岗、坡、洼相间的复杂的地貌类型。黄河冲积物是区内土壤形成的物质基础，因此，土壤质地偏轻，毛管作用十分强烈，土壤极易返盐，再加上海水和高矿化度的地下水的共同作用，形成的土壤质地较差。本项目地块内盐碱地面积大、治理难，土壤成为限制农业生产和经济发展的重要因素。

2. 模式落后，休闲观光农业开发不足

本项目周边地区有丰富的休闲观光资源，如巨丰农业示范园、泰升农场等。但长期以来，休闲观光资源没有得到很好的开发和利用，缺乏科学合理、统一的总体规划和有效的宏观管理；经营规模不大、项目类型单一、地方特色不明显，休闲农业开发比较落后。

3. 缺乏高端产品，品牌农业建设不完善

目前，规划区内农产品种类虽多，但缺乏高端产品，产品附加值低、技术含量低，高端市场占有率较低。突出表现为外资龙头企业规模小、科技含量低、辐射带动能力不强，缺乏具有较强市场竞争能力的大型龙头企业和知名产品品牌，产业化经营的组织链接、运行机制亟待改革和完善。农产品及加工产品的品牌营销较差，品牌创造与创意的能力较弱，知名农业品牌较少，品牌农业建设需要进一步提升。

（三）机遇

1. "一带一路"发展战略，驱动胜坨镇对外开放

推进丝绸之路经济带和 21 世纪海上丝绸之路建设，是应对当前国内外发展环境下新的战略部署，是我国推动地区包容性发展、构建全方位开放新格局的重要发展战略和深化改革开放特别是向西开放的重大举措。垦利区属于山东省东部沿海港口城市，是我国"一带一路"建设的重要节点，具备参与"一带一路"建设区位交通、产业基础、对外开放等诸多优势，应紧紧把握国家"一带一路"建设的重大战略机遇，深度参与国际区域合作，不断拓展对外经贸合作领域和空间，促进垦利对外经贸结构优化和竞争力提升，在推动实现国家战略的同时，谱写垦利、胜坨镇对外开放的新篇章。

2. 京津冀一体化战略，激发东营发展新策略

京津冀一体化协同发展，是面向未来打造新的首都经济圈、推进区域发展体制机制创新的需要，为优化开发区域发展提供示范和样板，是探索生态文明建设有效路径、是促进人口经济资源环境相协同的需要，是实现京津冀优势互补、促进环渤海经济区发展、带动北方腹地发展的需要。山东省在与京津冀相比竞争优势较弱的情况下，应积极融入京津冀一体化发展中去。东营市是山东省距离京津最近的沿海城市，在城市发展策略上，要强化"向北发展"的策略，胜坨镇位于东营市北部，可作为山东沿海融入京津冀的起点，通过沧州与廊坊实现区域融合发展，在环渤海区域经济发展进程中逐渐

扩大影响力。

3. "一黄一蓝"两大战略叠加区域，发展潜力巨大

近年来，国家相继批复《黄河三角洲高效生态经济区发展规划》和《山东半岛蓝色经济区发展规划》两个重大决策，垦利区作为黄蓝战略规划的叠加区，地位突出，发展条件优越，有着率先发展的必要性和可行性，面临的发展机遇是前所未有。同时，东营市政府提出"率先全面建成小康社会，率先建成生态文明典范城市"的目标，将生态建设列入城市总体协调发展的高度，把破解发展与生态矛盾作为方向，坚持生态优先，通过发展生态产业，加强生态建设，走生态文明发展道路，着力创建生态文明典范城市。这些战略目标的实施无疑更好地在垦利附近集聚生产要素，发挥产业集群效应，扩大区域间的经济交流与合作、吸引外资，潜力巨大。

（四）挑战

1. 区域资源雷同，避免低端同质竞争

垦利区处于黄三角地区，周围被各经济区包围，吸引了大量的生产要素和资本，但同时由于地区发展的必要性，使得垦利地区发展竞争对手实力强劲。由于和相邻地区旅游资源的相近或相似，可能导致在旅游产品开发的定位和形式等方面的雷同，带来外部同质竞争的威胁。同时，由于胜利社区不同旅游区旅游资源的相近，可能导致几个景区争着做雷同或近似的产品，力量内耗，带来内部同质竞争的威胁。

2. 农村劳动力流失，人工成本不断增大

随着胜坨镇自然村落的大面积拆迁和流转，大量青壮年农业人口不断向城镇转移，剩余人口老龄化问题严重，农村劳动力人口不断减少，农村劳动力成本呈上升趋势。同时，在经济持续快速增长，劳动密集型出口行业迅速发展的情况下，劳动力成本也逐步上升。特别是近年来，山东省农业发展领先全国，人才的外流及本地农业人口的老龄化现象日益凸显，劳动力成本上升趋势更加明显，农业生产成本逐年增长。

3. 农业保险机制不健全，抵御风险能力弱

随着近年来全球性的气候变化、生态环境恶化、自然灾害频繁发生，一方面农产品生产面临的自然风险不断增强；另一方面，在现有的市场经济体制下，随着人民生活水平的提高和消费结构的变化，胜利社区内规模小、质量差、科技含量低的农产品生产模式面临着严重的市场压力。由于农业保险

机制不健全，各大龙头企业、经营主体抵御风险的能力明显较弱。

4. 资源环境消耗严重，压力日益严峻

长期以来，山东省农业的大发展是靠过度消耗资源和破坏生态环境换来的，资源环境的压力日益严峻。随着工业化、城市化的快速扩张，我们所面临的生态环境压力日益突出。胜利社区区域生态环境局部改善而整体恶化，土地消耗速度惊人，资源浪费严重，农业面源和点源污染对生态环境的影响日益严重。资源环境压力日益严峻是胜利社区田园综合体发展面临的重大挑战。

第三节　发展思路与目标

一、指导思想

深入贯彻落实习近平总书记新时代中国特色社会主义思想，遵循党的十八大"四化"（新型工业化、信息化、城镇化、农业现代化）同步发展原则，遵循"创新、协调、绿色、开放、共享"的五大发展理念，在当前新常态背景下，充分把握财政部开展田园综合体建设试点工作、借助山东省"一带一路"建设中的区位优势和产业优势与"京津冀协同发展""两区一圈一带"等国家和省重大区域发展战略部署的机遇，突出"政府引导、企业参与、农民受益、市场化运作"，推进农业供给侧结构性改革，重点抓好生产体系、产业体系、经营体系、生态体系、服务体系、运行体系等六大支撑体系建设，实现农村生产生活生态"三生同步"、一二三产业"三产融合"、农业文化旅游"三位一体"。

园区以"农业转型、特色发展、生态优先、中心带动、集聚发展、商旅提升"的发展思路，重点打造"一带一核两组团"的胜利社区田园综合体，最终建设成为垦利区乃至山东省田园综合体发展的核心区，以核心区建设为引领，辐射带动整个田园综合体各项产业向标准化、示范化、规模化、集约化方向发展，最终形成垦利一流、山东领先、全国争先的田园综合体典型样板工程。

二、总体定位

紧紧围绕国家、山东省对于田园综合体的建设要求，以农业、文化、旅游"三位一体"为核心的复合产业链来整合区域资源、整合区域产业，在胜坨镇现代农业产业现状的基础之上，以巨丰农业、胜景林业、旭东农业、垚丰农业、建兴陶艺及泰升农场为重点，充分发挥园区区位优势、资源优势、文化优势，带动本地其他优势资源与园区发展旅游产业，引入农业休闲旅游产业体系，促进传统农业产业升级，支持田园综合体内乡村建设以农民合作社为主要载体，让农民充分参与和受益，建设集林下经济、创意文化农业、休闲体验于一体的田园综合体，积极探索推进农村经济社会全面发展的新模式、新业态、新路径，园区将充分与山东半岛蓝色经济区发展规划、沿黄休闲观光经济带规划进行衔接，使其成为沿黄休闲观光带的重要节点旅游景区，形成集观光、休闲、农业生产、文化传承、农事体验等功能于一体的有机产业链。

逐步将其打造成为：全国特色林下经济农业田园综合体；全国林下经济及绿色产业示范基地；鲁西北地区黄河风情田园小镇；休闲农业创新拓展训练基地；佛头黑陶一二三产联动示范基地。

三、功能定位

（一）林下经济与绿色生态保护功能

以田园综合体可持续发展为前提，优化田园景观资源配置，深度挖掘农业生态价值，统筹农业景观功能和体验功能，凸显宜居宜业新特色。积极发展林下经济，充分利用多种林下生产模式，促进农业资源集约化利用，发展立体循环农业，实施防护生态工程，减少水土流失，全面提升生态环境，打造绿色宜居、宜游、宜业田园综合体。

（二）田园综合体特色小镇建设示范

以新型城乡统筹模式来升级田园综合体内农村产业、升级农村环境、升级农民收入，实现田园综合体特色小镇由传统农业向现代农业转型，传统村落环境向乡村旅游景区转变、单一收入渠道向综合多元收入模式转型。同时，以加快补齐农村基础设施短板、提高农民生活质量和促进农村社会文明进步为目标，以创新投融资机制为动力，推进村庄人居生态环境综合整治，全面建设基础设施配套、公共服务完善、生态环境良好、农民持续增收、社会和谐稳定的田园综合体、黄河风情特色小镇。

（三）特色农业产业结构调整

以市场需求为导向、以资源可持续为根本，突出特色高效和品质升级的调整方向，发挥田园综合体特色主导产业及一三产融合作用，以政府、企业、村集体组织、农民共同完善产业体系为目标，通过引入新品种、扶持新主体，培育扶持生态林、林果产业、绿色蔬菜、健康粮食等特色优势主导产业发展壮大，率先探索一条符合当地农业结构调整方向的路径，示范带动田园综合体特色产业的发展。

（四）标准化高效苗木生产（园艺生产）

围绕区域优势，依托田园综合体内的苗木企业和现有的苗木产业基础，积极发展苗木繁育、经济果林的高规模生产，发挥其高附加值的经济效益。同时，改善了地区的整体绿化率与景观环境，可为市民提供新的休闲旅游目的地，发挥其生态效益和附加经济效益。不断提升种苗培育的水平，使其成为胜坨镇新的经济增长点与品牌。

（五）产业融合集群示范

立足胜利社区田园综合体区位环境、黄河文化、黑陶文化、产业集聚等优势，围绕林下经济、特色休闲产品，做大做强生态林果、有机蔬菜等特色优势主导产业，以政府、企业、村集体组织为主体推动土地规模化利用和三产融合发展，大力打造农业产业集群；稳步发展创意农业，强化特色小镇建设，利用"旅游+""生态+"等模式，开发农业多功能性，推进农业产业与旅游、艺术、教育、文化、康养等产业深度融合；强化区域农产品品牌建设，鼓励新型经营主体创建优质品牌，推进品牌化农业、品牌化休闲旅游的发展，构建支撑田园综合体发展的产业融合体系。

四、发展目标

本次规划建设期3年，自2017—2020年。3年规划期间，将逐步建立并优化胜坨镇农业产业科技化发展示范格局，通过田园综合体的建设实施，逐步夯实基础，完善生产体系发展条件，强化特色，打造涉农产业体系发展平台，坚持绿色发展，构建乡村生态体系屏障，不断完善功能，补齐公共服务体系建设短板，最终形成合力，健全优化运行体系建设。

到 2020 年综合利用各种资源，提高资源利用率，实现生态环境良性化，农业自然资源和生态环境得到有效保护，农业生态系统良性循环，生态经济效益显著改善，农业具有较强的可持续发展能力。农村居民人均纯收入增幅高于非示范园区 20%；农业综合机械化水平达到 80% 以上；科技进步贡献率提高到 70% 以上；主要农作物良种覆盖率达到 100%；农作物单产生产能力高于周边地区平均水平 15% 左右。旅游接待总人数达到 30 万人次，园区培育省级及以上龙头企业 2 家，市县级龙头企业 6 家，辐射带动 1 000 户农民发展。

通过对接鲁西北旅游资源，努力提升观光休闲农业产业，将生态农业与休闲旅游有机地结合在一起，最终达到双赢的局面。将胜坨镇胜利社区田园综合体建设成为经济效益显著、生态环境安全、人与自然和谐的省内领先、国内一流的田园综合体。

五、实施阶段

（一）重点建设阶段（2017 年）

（1）制定田园综合体实施方案、明确牵头单位和配合单位任务。

（2）建设区领导挂帅的田园综合体工作领导小组，设立专门工作机构，抽调专人办公，建立健全工作制度。

（3）各牵头单位借鉴先进经验和成熟做法，抓住突出矛盾和问题，找准突破口和切入点，在有关单位的配合下制定切实可行的田园综合体制度和办法，做到科学合理、符合实际，有较强的针对性和可操作性。

（4）加强田园综合体内基础设施建设，制定出台相关优惠配套政策，加大招商引资和人才引进力度，创新体制机制，建立健全相关组织机构和规章制度。

（二）全面建设阶段（2018—2019 年）

（1）全面推进田园综合体内主导产业快速发展，加强基地建设，加强对项目实施的督促检查，加强技术引进集成和示范推广，促进主导产业提档升级。

（2）全面完成项目核心区建设。

（3）加强基地建设，加强对项目实施的督促检查，加强技术引进集成和示范推广，完善公共服务体系，积极引进或培育各类龙头企业，形成"企业—市场—产业"三位一体、高度一致的农产品销售体系。

（4）大力推进林下经济品牌、旅游品牌建设，稳步提高田园综合体的经济效益、社会效益和生态效益。

（三）总结验收阶段（2020 年）

（1）进一步完善田园综合体的公共服务体系建设，为发展现代农业建设提供有力支撑。使胜利社区田园综合体成为全省乃至全国田园综合体发展的先行示范区、特色林下经济动态展示区以及休闲观光旅游目的地。

（2）全面总结胜利社区田园综合体创建工作，提炼具有示范意义和推广价值的重要成果，并用制度将其巩固和保留下来，长期发挥作用。

第四节　总体布局与功能分区

一、田园综合体总体布局与功能分区

（一）总体布局

规划总面积约为 15 259 亩。根据规划区的产业基础、资源分布及企业土地流转情况，以生态保护为前提，遵循因地制宜、合理布局、优化结构、综合治理、规模经营等原则，按照土地资源供给与需求平衡要求，园区总体布局为"一核、一带、两组团"（图 3-1）。

➤ 一核——特色佛头黑陶文化与现代农业发展驱动核

➤ 一带——沿 S316 田园综合体发展带

➤ 两组团——林下经济一三产联动绿色发展组团和沿黄河休闲农业发展组团

1. "一核"

一核是指特色佛头黑陶文化与现代农业发展驱动核。是整个园区现代农业、特色小镇、文化传播与弘扬的核心驱动核，也是园区发展的核心区。主要承担村民生活居住、游客餐饮住宿、农业服务、休闲观光、展销展示、办公管理、停车等服务功能。代表了园区发展的核心驱动力，汇集了整个园区内的资金、技术、人才等资源要素，是整个园区乃至胜坨镇特色小镇与现代农业发展的先驱者。

2. "一带"

一带是指沿 S316 田园综合体发展带。是园区内串联主要功能分区及核

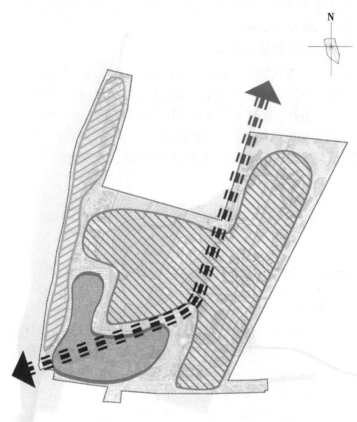

图　例

一核：特色黑陶文化与现代农业发展驱动核

一带：沿S316田园综合体发展带

两组团：林下经济—三产联动绿色发展组团

两组团：沿黄河林闲农业发展组团

图 3-1　总体空间布局

心区的主要发展带，也是园区内主要的休闲景观展示、文化传播、产业发展、对外开放的主要区域。

3. "两组团"

一组团是指林下经济—三产联动绿色发展组团。主要以胜景林业、巨丰农业、垚丰农业的林下经济为主，在兼具粮食、花卉、蔬菜等农林产品的生产功能外，开展苗木种植、林下休闲观光、运动拓展、文化艺术传播等功能，形成园区—三产联动和发展组团。

　　二组团是沿黄河休闲农业发展组团。主要以黄河滩涂片区和泰升农场为主，主要包括休闲采摘、农业生产、文化传播等功能。

（二）功能分区

　　胜利社区田园综合体共分为六大功能分区，54个项目。分别为田园综合体核心区、泰升农场柳仙桃园休闲观光度假区、沿黄现代农业生产区、垚丰林下经济休闲组团、巨丰林下经济绿色组团、胜景林下经济生态组团。

　　田园综合体核心区：该区占地面积2 779.63亩，包括黑陶佛文化灵修基地、佛头黑陶文化艺廊、黄河风情美丽新村、为农服务中心、黄河口风情民宿等29个项目。

　　泰升农场柳仙桃园休闲观光度假区：该区占地面积292.6亩，包括黄河滩百果生态园、黄河古柳太极广场、泰升特色桃果种植基地等8个项目。

　　沿黄现代农业生产区：该区占地面积2 042.71亩，包括有机蔬菜种植基地、优质粮食种植基地2个项目。

　　垚丰林下经济休闲组团：该区占地面积4 293.59亩，包括林下粮食标准化生产基地、林下有氧康健运动广场、百果休闲采摘园等6个项目。

　　巨丰林下经济绿色组团：该区占地面积1 613.30亩，包括林下食用菌标准化种植基地、林下乌骨羊散养基地2个项目。

　　胜景林下经济生态组团：该区占地面积4 237.17亩，包括黄河口黑陶大地艺术展、林下蔬菜标准化种植基地、黄河渔家生态餐厅等7个项目（表3-1）。

表3-1　功能分区规模

序　号	项　　目	单位/亩
1	田园综合体核心区	2 779.63
1.1	游客服务中心	14.98
1.2	为农服务中心	54.95
1.3	农业科技创新平台	54.50
1.4	现状学校	55.34
1.5	古文化风情街	154.83
1.6	黄河口风情民宿	114.06
1.7	黄河风情小镇	884.41
1.8	古文化蔬菜雕塑广场	18.08

（续表）

序　号	项　目	单位/亩
1.9	梯田花海	11.57
1.10	林间花海禅修基地	15.58
1.11	黑陶佛文化大讲堂	7.74
1.12	黑陶文化创意基地	3.80
1.13	佛头黑陶周边产品设计部落	4.23
1.14	佛头黑陶文化艺廊	10.41
1.15	青少年黑陶艺术实训基地	15.25
1.16	古法制陶基地	48.77
1.17	黑陶艺术品展货交流平台	15.18
1.18	趣味果品 DIY 木屋	7.26
1.19	胜景开心蔬菜采摘园	50.00
1.20	休闲林果采摘园	267.78
1.21	母爱黄河亲子区	30.82
1.22	自采菜生态餐厅	16.75
1.23	休闲垂钓亲水乐园	39.14
1.24	创意菜田	72.57
1.25	林下芳香百草园	579.79
1.26	空中漫步连桥	4.58
1.27	儿童林中探险乐园	47.85
1.28	企业拓展训练基地	86.54
1.29	林下 CS 镭战基地	92.87
2	泰升农场柳仙桃园休闲观光度假区	292.60
2.1	黄河滩百果生态园	128.95
2.2	沿黄柳仙景观带	12.17
2.3	黄河柳仙太极广场	5.55
2.4	黄河雕塑公园、水幕影院	5.57
2.5	桃果小作坊	4.09
2.6	桃花生态餐厅	4.60
2.7	生态鱼塘	21.15
2.8	泰升特色桃果种植基地	110.52
3	沿黄现代农业生产区	2 042.71
3.1	有机蔬菜种植基地	1 931.85
3.2	优质粮食种植基地	110.86

（续表）

序　号	项　　　目	单位/亩
4	垚丰林下经济休闲组团	4 293.59
4.1	葡萄种植温室	11.26
4.2	百果休闲采摘园	86.45
4.3	林下粮食标准化生产基地	4 072.27
4.4	林下有氧康健运动广场	3.30
4.5	特色民宿区	63.47
4.6	林间驿站	56.84
5	巨丰林下经济绿色组团	1 613.30
5.1	林下食用菌标准化种植基地	1 227.88
5.2	林下乌骨羊散养基地	385.42
6	胜景林下经济生态组团	4 237.17
6.1	林下马术运动场	209.19
6.2	黄河口黑陶大地艺术展	12.00
6.3	林下蔬菜标准化种植基地	3 732.81
6.4	黄河渔猎文化体验区	165.44
6.5	佛头黑陶涂鸦集装箱驿站	70.07
6.6	黄河民族风情演绎舞台	8.00
6.7	黄河渔家生态餐厅	39.66
总计		15 259.00

二、核心区功能分区

（一）功能分区

核心区功能占地面积 2 779.63 亩，共分为四大功能分区，分别为佛头黑陶一二三产联动区、现代农业综合服务中心、林下休闲运动乐活区、黄河人家聚落。

佛头黑陶一二三产联动区：该区占地面积 678.70 亩，包括黑陶加工作坊、黑陶佛文化大讲堂、休闲垂钓亲水乐园、母爱黄河亲子区等 17 个项目。

现代农业综合服务中心：该区占地面积 124.43 亩，包括游客服务中心、为农服务中心等 3 个项目。

林下休闲运动乐活区：该区占地面积 823.20 亩，包括林下芳香百草园、儿童林中探险乐园、林下 CS 镭射基地等 6 个项目。

黄河人家聚落：该区占地面积 1 153.3亩，包括黄河口风情民宿、古文化风情街等 3 个项目。

（二）核心区总平面布局

核心区总平面布局，见图 3-2 所示。

N

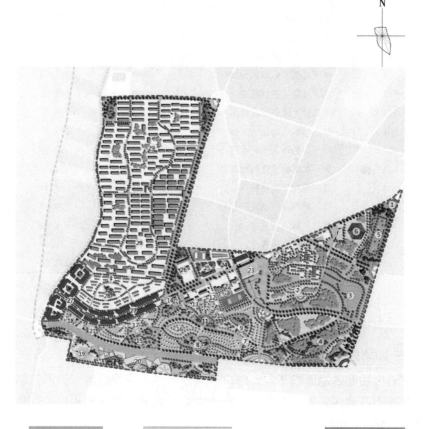

林下休闲运动乐活区	佛头黑陶一二三产联动区	现代农业综合服务中心
1.梯田花海	7.林间花海禅修基地	24.游客服务中心
2.林下芳香百草园	8.黑陶佛文化大讲堂	25.为农服务中心
3.空中漫步连桥	9.黑陶文化创意基地	26.农业科技创新平台
4.儿童林中探险乐园	10.佛头黑陶周边产品设计部落	
5.企业拓展训练基地	11.佛头黑陶文化艺廊	**黄河人家聚落**
6.林下CS镭射基地	12.青少年黑陶艺术实训基地	27.黄河口风情民宿
	13.古法制陶基地	28.古文化风情街
	14.黑陶艺术品展贸交流平台	29.黄河风情小镇
	15.趣味果品DIY木屋	
	16.休闲林果采摘园	
	17.母爱黄河亲子园	
	18.自采菜生态餐厅	
	19.休闲垂的亲水乐园	
	20.创意菜田	
	21.古文化蔬菜雕塑广场	
	22.现状学校	
	23.胜景开心蔬菜采摘园	

图 3-2　核心区总平面布局

第五节　分区建设规划

一、核心区各分区建设

（一）现代农业综合服务中心

1. 发展思路

该区主要为园区及胜坨镇农户、农企提供科技支撑、农机农具技术指导、农民培训等综合服务，是汇集综合管理、综合办公、游客服务、教育、现代农业配套服务的功能性核心。

主要包括推广应用新技术、统筹农业机械、农产品会议会展、农资销售、仓储等功能。

2. 规模与地点

该区占地面积 124.43 亩，位于园区的西南部地区。包括游客服务中心、为农服务中心等 3 个项目。

3. 建设模式

（1）游客服务中心。该区占地面积 14.98 亩，是为游客提供信息、咨询、旅程安排、讲解、教育、休息等旅游设施和服务功能的专门场所。设置相关的设施设备（如触摸屏、引导标志、游览宣教材料、旅游区情况展示、导游解说系统、咨询投诉服务中心、紧急救援体系等）。同时，可租情侣自行车、儿童自行车及普通自行车等设备以方便游人到周边的旅游景点游玩。

（2）为农服务中心。该区占地面积 54.95 亩，该项目以旭东农业科技有限公司为经营主体。项目建设按照政府负责引导和支持，企业投资、建设和运营的模式，在胜利社区办公楼以东，胜利小学对面，建设胜坨为农服务中心，整合优势资源，创新服务模式，推广应用新技术、统筹农业机械、测土配方施肥、病虫害统防统治、粮食烘干仓储、农资直供等社会化服务，辐射带动南展大堤以西、黄河大堤以东、胜利干渠以北、路南干渠以南 4 万多亩土地。同时，为极大方便社区群众的生产生活，在为农服务中心配套加油站、停车场及直升机停机坪，为往来车辆和农机具提供停放、加油等服务，同时，设置电瓶车换乘点，可供游客在园区内部进行游览。

（3）农业科技创新平台。该区占地面积 54.5 亩，为引导好"产学研"结合模式在农业、林业等领域的应用，进一步加强与科研单位、大院大所的沟通与联系，实现全方位的合作与对接，成果共享，风险共担。利用胜利社区老办公楼，打造农业科技综合服务中心，吸引中国农科院、省农科院、省林科院、东营黄河口盐生植物研究所、黄河口生态科技城等科研机构入驻，成立耐盐碱植物、特色林果、苗木花卉、有机蔬菜、中草药研究所、工作站或试验示范基地，为当地经济社会发展服务。

（二）佛头黑陶一二三产联动区

1. 发展思路

该区以建兴陶艺制品有限公司为经营主体，是东营市首批非物质文化遗产保护项目，产品销往各大城市，出口日本、韩国、东南亚等国家，是馈赠外宾、鉴赏珍藏的最佳文化产品。

该区建设将秉持着弘扬和传承的精神，深耕挖掘佛头黑陶的陶文化内涵、手工艺术内涵、佛文化内涵，弘扬匠人精神。打造一系列特色突出、类型多样的休闲、体验项目。将古老的佛头黑陶文化、制陶手工技艺与现代艺术文化、休闲农业元素进行高度融合，让游客在动手体验中了解黑陶文化，体验手作的乐趣。

主要包括黑陶加工、销售、展贸展销、手作体验、文化艺术设计、休闲采摘等功能。

2. 规模与地点

该区占地面积 678.70 亩，位于园区的西南部地区。包括佛头黑陶加工作坊、黑陶佛文化大讲堂、休闲垂钓亲水乐园、母爱黄河亲子区等 17 个项目。

3. 建设模式

（1）林间花海禅修基地。该项目占地面积 15.58 亩。该区主要利用林花套种模式，为佛学爱好者、高压上班族提供在林下花海中进行禅修的服务，在自然、开放的环境中，达到身心灵的净化与放松。

（2）黑陶艺术品展贸交流平台。该项目占地面积 15.18 亩。该区主要对佛头黑陶各色艺术品进行展示和销售，同时吸引手工艺爱好者、陶瓷收藏家到此学习、交流。积极举办黑陶文化交流会、黑陶艺术节等活动，促进佛头黑陶品牌进一步走出去。

（3）黑陶佛文化大讲堂。该项目占地面积7.74亩。主要为佛文化爱好者提供学佛、交流、听经、读经场所，讲堂将定期邀请天宁寺高僧、居士来此授业解惑，同时，大讲堂内还将展示珍贵的黑陶佛像，也邀请收藏家来此展览，成为东营市及山东省佛教信众沟通交流、礼佛的最佳场所。

（4）青少年黑陶艺术实训基地。该项目占地面积15.25亩。积极与胜利社区学校搭建合作联结机制，将学生在校美术课与黑陶制作相结合，教授青少年黑陶制作技艺、传授佛头黑陶悠远的历史及文化，锻炼学生动手能力，让古老的中华手工技艺可以薪火相传。

（5）黑陶文化创意基地。该项目占地面积3.8亩。通过景观的集中打造、文化内涵的注入，与东营市乃至山东各大高校、艺术团体合作，以佛头黑陶的文化和艺术形象为原型，开发漫画、影视作品、小型艺术品等产品，为游客、团体、艺术工作室等机构提供一个摄影、艺术设计、培训、节庆举办的综合性文化街区。

（6）佛头黑陶周边产品设计部落。该项目占地面积4.23亩。利用黑陶的可塑性和美观性，在传承黑陶佛头、摆件、花瓶等艺术品外，吸引优秀设计师、艺术工作者、雕塑、陶瓷爱好者来此汇聚，搭建以黑陶为基础的周边产品设计部落，让黑陶艺术品以多种艺术形式走向市场，走进人们的生活中。

（7）佛头黑陶文化艺廊。该项目占地面积10.41亩。主要作为建兴陶艺对外展示黑陶发展历史、工艺演变、产品介绍的窗口。文化艺廊将通过图片、文字介绍、专题影片对黑陶文化进行集中展示，同时，还将配套声光电系统，将古老的技艺与现代的技术手段相结合，让游客置身于黑陶文化艺术博物馆，在游览的同时，对游客进行文化科普。

（8）古法制陶基地。该项目占地面积48.77亩。主要作为黑陶产品的加工、展示基地。同时，向游客展示纯手工黑陶制作、打磨及雕刻，并用古法烧陶的全过程，让游客了解这一传统手工技艺，传承匠人精神。

（9）趣味果品DIY木屋。该项目占地面积7.26亩。主要为游客提供采摘果品的DIY制作，同时，提供儿童趣味课堂、亲子小厨房等活动，游客可以携带园区内自采果实到小木屋进行加工，如果汁、果冻、果泥、沙拉、蛋糕等，同时，还可以进行趣味水果雕刻和创意雕塑比赛，在品味美食的同时，增强儿童的思考和动手能力（图3-3）。

（10）休闲林果采摘园。该项目占地面积267.78亩。该区主要进行各色

林间花海禅修基地	黑陶佛文化大讲堂	黑陶文化创意基地
佛头黑陶周边产品设计部落	佛头黑陶文化艺廊	青少年黑陶艺术实训基地
古法制陶基地	黑陶艺术品展贸交流平台	趣味果品DIY木屋

图3-3 建设模式

林果的生产，同时，对游客开放休闲采摘活动。通过开展葡萄、苹果、桃子等水果的采摘、果园观光、科技示范、传统农家民俗生活体验等活动的方式，提高园区旅游休闲的可参与性，从而发展特色林果产业，对促进农村旅游、调整产业结构、建设区域经济、加快农业市场化进程会产生良好的经济效益。

（11）母爱黄河亲子区。该项目占地面积30.82亩。以母亲河黄河为文化内涵，该区主要作为全家出游的游客亲子互动体验片区，通过瓜果采摘、蔬菜盆栽制作、农耕体验使儿童有机会亲近大自然，感受农耕的乐趣。同时，该片区设置了一系列的互动竞技项目，如拓展撕名牌基地、小动物赛跑基地，犹如一场小型运动会，促进不同家庭之间的互动，促进儿童与小动物亲密的接触达到真正的置身于自然之中，体验别样的食宿乐趣。

（12）胜景开心蔬菜采摘园。该项目占地面积50亩。该区主要建设占地面积6 000m²的连栋温室及蔬菜采摘园，主要为游客和儿童提供蔬菜采摘、科普教育、农事体验等服务。连栋温室内部的打造将集采摘、餐饮、蔬菜创意DIY、儿童小游戏等于一体，连栋温室夏日相对清凉的环境可供游人体验，在秋冬季节供应温室蔬菜，让游人在冬季品尝新鲜蔬菜。室外休闲蔬菜采摘区主要提供露地蔬菜的采摘，并建设蔬菜廊架、凉亭等设施。

（13）古文化蔬菜雕塑广场。该项目占地面积18.08亩。该区主要利用蔬菜的可塑性，对其进行文化创意的注入，挖掘胜坨镇古文化经典形象，进行蔬菜雕塑，让农业与文化有机结合，形成亮丽的风景线。

（14）自采菜生态餐厅。该项目占地面积16.75亩。生态餐厅主要为果蔬采摘园提供配套服务，游客可在采摘园中进行采摘后，来此进行加工，实现从田间地头直达餐桌的新鲜体验。

（15）休闲垂钓亲水乐园。该项目占地面积39.14亩。该区主要利用现状水塘进行改造，建设包括亲水平台（观景、下水台阶）、渔耕地体验（捕鱼、垂钓）等亲水体验区。发展乡土特色的水上娱乐项目，打造集趣味、娱乐、休闲于一体游憩场所。建有各种趣味的钓虾池/摸鱼池，放有鱼、虾、蟹等，是儿童嬉水摸鱼、成年人休闲垂钓的欢乐天地。

（16）创意菜田。该项目占地面积72.57亩。本区域主要种植各种类型的蔬菜，种植模式是：开发1m×1m的蔬菜种植容器，通过合理安排各个蔬菜品种的种植、收获时间，重点在温室中统一进行育苗和前期生长，在快进入采收期时，将1m×1m的蔬菜容器整个运送至大田，方便游客进行观赏和采摘。这种模式既方便了生产上的统一管理，节省了人力成本，又能够保证大田内蔬菜作物的景观完整性，不出现裸露的土地。

（17）现状学校。该区占地面积55.34亩，是胜利社区小学及幼儿园所在地。园区项目建设将充分利用现状学校资源，开展多种青少年互动体验、科普教育项目，丰富青少年课外实践内容，培养青少年动手能力和对农业的认知能力。

（三）林下休闲运动乐活区

1. 发展思路

该区建设主要利用胜利社区丰富的林下资源，在兼具生产功能的同时，进行休闲观光产业旅游开发，增加产业附加值。以突出林下休闲、田园风光、亲子互动、休闲体验为前提，围绕农业生产过程，农民劳动生活和农村风情风貌，大力培育特色林下休闲农业产业，开发具有经济、互动、体验功能的林下休闲项目，着力打造高人气、高品质、高附加值、高市场竞争力的林下休闲农业项目和产品，使之成为东营市乃至鲁西北地区户外运动爱好者的打卡圣地、自驾游观光旅游目的地、林下运动乐活的先行示范单位。

2. 规模与地点

该区占地面积823.2亩，位于园区的南部地区。包括林下芳香百草园、儿童林中探险乐园、林下CS镭射基地等6个项目。

3. 建设模式

（1）企业拓展训练基地。该项目占地面积86.54亩。主要面向胜坨镇各大企业团体，向其提供户外拓展体验，旨在协助企业提升员工核心价值的训练课程，通过训练课程能够有效地拓展企业人员的潜能，提升和强化个人心理素质，帮助企业人员建立高尚而尊严的人格，同时让团队成员能更深刻地体验个人与企业之间、下级与上级之间、员工与员工之间唇齿相依的关系，从而激发出团队更高昂的工作热诚和拼搏创新的动力，使团队更富凝聚力。

拓展训练的课程主要包括远足露营、立面攀岩、野外定向、户外生存技能等；场地课程是在专门的训练场地上，利用各种训练设施，如高架绳网等，开展各种团队组合课程及攀岩、跳越等心理训练活动。

（2）梯田花海。该项目占地面积11.57亩。该区主要打造层次错落的梯田花海，花海将兼具生产和景观功能，同时，也是核心区入口的主要景观节点，为入园游客在第一时间带来美好的感受。

（3）林下百草园。该项目占地面积515.36亩。该区主要利用林草套种模式进行生产，选取适宜林下种植的黑麦草、紫花苜蓿、红三叶草、白三叶草、鸭茅等植物进行种植，在兼具景观效果的同时，大力发展牧草、药草种植，为发展草食畜牧业提供支撑。

（4）空中漫步连桥。该项目占地面积4.58亩。该区主要为7~12岁青少年进行林中漫步的区域，通过安全绳索的牵连，青少年可以在空中步道上安全穿行，步道中会设置一定的障碍物和休息平台，为青少年提供难忘的游玩经历。

（5）儿童林中探险乐园。该项目占地面积47.85亩。园区建设充分考虑不同年龄段游人的需求，设置了适宜儿童玩乐的游憩区，项目设置考虑到不同年龄段的儿童需求，设置了适宜3~6岁儿童玩耍的沙滩淘淘乐，包括小沙堡堆堆乐、沙滩寻宝乐、滑梯等游戏。适宜7~12岁儿童体验的林中探险乐园，包括空中漫步链桥——步步惊心、小型攀岩设施、梅花桩、软绳爬爬乐等。适宜女孩玩耍的彩虹蘑菇屋，包括捉迷藏、小手工DIY、娃娃彩绘等活动。同时，园区还将为15岁以上青少年提供寻宝、探险等趣味活动。

（6）林下 CS 镭射基地。该项目占地面积 42.38 亩。该区主要为成人提供真人 CS 竞技场地。通过对地形进行处理，形成半坡、半地下、小山的地貌结构，利于进行阵地战、游击战、丛林攻防、模拟巷战、碉堡防护等多种战斗类型，为游客提供丰富、刺激的林下休闲竞技运动。

（四）黄河人家聚落

1. 发展思路

该区主要为胜坨镇集中建设区域，以黄河文化为核心，以城乡统筹为形式，建设特色小镇、古村落、古文化街，开发乡村旅游功能，成为以黄河文化、古文化为内涵，兼具游览、观光、餐饮、住宿、购物、体验等于一体的特色小镇典型样板单位。

2. 规模与地点

该区占地面积 1 153.3 亩，位于园区的中西部地区。包括黄河口风情民宿、古文化风情街等 3 个项目。

3. 建设模式

（1）黄河口风情民宿。该项目占地面积 114.06 亩。通过深耕挖掘胜坨镇历史文化、黄河文化，提炼不同时代的建筑特色和居住形式，建设古色古香、黄河文化特色突出的风情民宿，为游客提供住宿、餐饮等配套服务。

（2）古文化风情街。该项目占地面积 154.83 亩。该区主要对原胜利路两侧的沿街房进行拆迁改造，利用周边闲置的建设用地，通过深度挖掘黄河特色文化、黑陶文化、民俗文化，建设独具黄河风情的古文化街，促进乡村旅游，同时，搭建古文化展示馆、农耕体验馆、各色传统美食、工艺的手工作坊，形成兼具商业功能和景观价值的古文化风情街。

（3）黄河风情小镇。该项目占地面积 884.41 亩。胜利社区总投资 9.2 亿元，共覆盖 12 个行政村，2 230 户，共计 7 017 人，建筑面积 29.36 万 m^2。胜利社区采取先建后拆的方式，分两期建设。一期工程搬迁安置大白、小白、佛头寺、徐王 4 个村，总投资 35 183 万元，建设安置楼 75 栋共 1 132 套，建筑面积 14.2 万 m^2，于 2013 年 6 月开工建设，2014 年 11 月竣工，目前已全部搬迁入住。二期工程计划搬迁安置吉刘、前彩、王院、吴家、许家、卞家、梅家、林子 8 个村，目前正在建设，计划 2017 年下半年竣工。

二、辐射带动区各分区建设

（一）泰升农场柳仙桃园休闲观光度假区

1. 发展思路

该区以泰升农场为经营主体，该区位于垦利区胜坨镇胜利工作区后彩村南，西临黄河，农场果园离黄河最近之处仅有 10m 左右，自然环境优美，植被绿化充足，园区范围内有黄河第一古柳的柳仙树。园区主要种植桃树，杏树、樱桃、李子、西梅、苹果、梨等，其中，果树以桃树为主，有不同时间结果的品种 37 种，其中，通过北京农科院引进 3 种桃树品种，同时，园区还种植大蒜、玉米、小麦等农作物。泰升农场坚持走绿色生态环保路线，杜绝污染，真正做到绿色无公害。

在发展绿色标准化林果种植的同时，积极发展休闲观光旅游，依托毗邻黄河的资源优势，大力发展以黄河文化、古柳文化为内涵，林果为产品、休闲体验为形式的观光产业，建设包括文化体验、休闲观光、康体健身、农事体验、互动餐饮、采摘等功能的农业休闲娱乐项目，有效延伸产业链，拓宽园区营收渠道。

2. 规模与地点

该区占地面积 292.6 亩，位于园区的西北部地区。包括黄河滩百果生态园、黄河古柳太极广场、泰升特色桃果种植基地等 8 个项目。

3. 重点建设项目

重点建设项目，见表 3-2。

表 3-2　泰升农场柳仙桃园休闲观光度假区重点建设项目

序号	重点项目	占地面积（亩）
1	黄河滩百果生态园	128.95
2	沿黄柳仙景观带	12.17
3	黄河柳仙太极广场	5.55
4	黄河雕塑公园、水幕影院	5.57
5	桃果小作坊	4.09
6	桃花生态餐厅	4.60
7	生态鱼塘	21.15
8	泰升特色桃果种植基地	110.52
合计		292.60

（二）沿黄现代农业生产区

1. 发展思路

该区建设坚持生态优先、功能合理原则，主要以黄河滩涂地为基础，在不破坏土地性质和环境的前提下，开展有机蔬菜、粮食种植，为游客提供健康、安全的农产品。

2. 规模与地点

该区占地面积 2 042.71 亩，位于园区的西部地区。包括有机蔬菜种植基地、优质粮食种植基地 2 个项目。

3. 重点建设项目

重点建设项目，见表 3-3。

表 3-3　沿黄现代农业生产区重点建设项目

序号	重点项目	占地面积（亩）
1	有机蔬菜种植基地	1 931.85
2	优质粮食种植基地	110.86
合计		2 042.71

（三）垚丰林下经济休闲组团

1. 发展思路

该区以垚丰农业为经营主体，该区主要分为垚丰果园及垚丰林粮标准化种植基地两部分。林下粮食种植基地主要以小麦、蔬菜、玉米的种植为主，配套发展休闲观光农业。垚丰果园位于胜坨镇林子村六干南沿，主要种植乔化苹果、矮化苹果、桃、葡萄、梨、樱桃、杏、核桃等七大系列果树，20 多个品种。在兼具生产功能的同时，开展休闲采摘活动，打造集果树种植、休闲观光、果品采摘、苗木繁育为一体的大型林果种植基地。

2. 规模与地点

该区占地面积 4 293.59 亩，位于园区的东北部地区及南部地区。包括林下粮食标准化生产基地、林下有氧康健运动广场、百果休闲采摘园等 6 个项目。

3. 重点建设项目

重点建设项目，见表 3-4。

表 3-4　垚丰林下经济休闲组团重点建设项目

序号	重点项目	占地面积（亩）
1	葡萄种植温室	11.26
2	百果休闲采摘园	86.45
3	林下粮食标准化生产基地	4 072.27
4	林下有氧康健运动广场	3.30
5	特色民宿区	63.47
6	林间驿站	56.84
合计		4 293.59

（四）巨丰林下经济绿色组团

1. 发展思路

该区以巨丰农业为经营主体，重点发展林禽、林菌等林下经济，充分利用丰富的林下资源发展养殖业，建设林下乌骨羊散养基地、林下食用菌标准种植基地，为游客提供健康菌菇及畜禽农产品。通过充分利用立体空间，开展林下经济，走循环发展之路，有效增加农民收入。

2. 规模与地点

该区占地面积 1 613.30 亩，位于园区的中东部地区。包括林下食用菌标准化种植基地、林下乌骨羊散养基地 2 个项目。

3. 重点建设项目

重点建设项目，见表 3-5。

表 3-5　巨丰林下经济绿色组团重点建设项目

序号	重点项目	占地面积（亩）
1	林下食用菌标准化种植基地	1 227.88
2	林下乌骨羊散养基地	385.42
合计		1 613.30

（五）胜景林下经济生态组团

1. 发展思路

该区以胜景林业为经营主体。胜景林业秉承绿色、生态、科学、经济发展理念，凭借产业政策、核心技术、新兴产业、市场优势、创新经营、社会责任的支撑，实现国家得生态、企业得发展、林农得实惠的公司发展战略目标，积极发展绿色蔬菜标准化种植，并套种生态景观树种，实行多品种、多层次立体循环经济。

在大力发展林下蔬菜产业的同时，利用林下资源开展马术运动及黑陶大地艺术展，在森林中融入艺术和运动的气息，拓展企业经营类目，增加营收渠道。在未来的3~5年内发展成为高效、精品、生态现代农业园区。

2. 规模与地点

该区占地面积4 237.17亩，位于园区的中部地区。包括林下蔬菜标准化种植基地、黄河口黑陶大地艺术展、黄河渔猎文化体验区、林下马术运动场等7个项目。

3. 重点建设项目

重点建设项目，见表3-6。

表3-6　胜景林下经济生态组团重点建设项目

序　号	项　目	单位/亩
1	林下马术运动场	209.19
2	黄河口黑陶大地艺术展	12.00
3	林下蔬菜标准化种植基地	3 732.81
4	黄河渔猎文化体验区	165.44
5	佛头黑陶涂鸦集装箱驿站	70.07
6	黄河民族风情演绎舞台	8.00
7	黄河渔家生态餐厅	39.66
合计		4 237.17

第六节　基础设施工程

一、道路系统工程

（一）规划原则

根据规划区内现有地形、水文、风向等具体情况进行具体分析，结合现有道路和规划中的道路设计，过程中坚持以下原则。

1. 安全性原则

安全性是道路规划考虑的首要要素，要注意道路景观设计中的安全视距，行道树与道路要有足够的净空，分车道要考虑到防眩栽植，主标志和辅助标志等要清晰醒目。

2. 便捷性原则

充分利用现有道路和周边规划道路，考虑节约经济原则，尽量减少动土量，保护基本农田格局，完善区内交通基础设施，加强规划区内各区域交通联系，并对人流、物流进行有序疏导，在内部道路与过境公路之间设置快速交通走廊，使过境交通与规划区密切配合，从而完善规划区与周边地区的交通联系。

3. 生态性原则

坚持以生态学原则为指导，以生态环境和自然条件为取向，加强植被恢复和全面绿化，建设良好的公路生态系统，达到综合遮阴、降尘、降噪等效果，这样既能获得社会经济效益，又能促进生态环境保护的边缘性生态工程和建造形式，营造一种"脚下是路、周围是景"的行车环境，既可以给行者带来美的感受，同时，又维护了自然生态系统的平衡。

4. 中远期原则

规划区的道路设计应坚持"服务近期建设，适应中期发展，衔接远期规划"原则，将近期建设与远期规划相结合，构筑"灵活、舒适、便捷、经济"的综合交通体系。一方面梳理规划区内及周边交通形成通畅的联系网络；另一方面道路要与景观结合，巧妙穿过自然风景，保护好自然景色。

（二）出入口设计

主入口：共2个，位于316省道上，分别作为园区主入口和园区次入口。

次要出入口：共3个，分别位于德州路、临黄堤及园区西南侧的316省道上。

（三）道路设计

规划道路分为园区主干道、次干路、园区支路。

1. 主干道

规划宽度为12m的道路做主干道，设置有机动车和人行道；可使车辆更加便捷的通达各个分区，主干道路面采用沥青、花岗岩、青石板、混凝土砖、透水砖等材料进行硬化处理，两侧种植行道树，主干道两侧建设绿化景观带。

2. 次干道

规划宽度分别为 9m 和 7m 的次干道，是园区的机动车道和电瓶、自行车道，并可用于田园综合体内的消防通道。

3. 园区支路

道路宽度为 4m，为自行车道和人行道。根据其用途（机耕、旅游、观光）加以规划，可依据实际情况适当的收缩或者放宽宽度。路面可采用多种铺装形式，如卵石式、碎石式、拼花式、石板式、汀步式、嵌草式等，材料可选择青石板、透水砖、卵石，色彩宜以浅灰、中灰为主色调，间以暗红、浅黄等颜色。

（四）停车场

规划设计的停车场位于为农服务中心北侧，园区游客可换乘电瓶车或步行进入园区进行游览、观光活动。整个胜利社区田园综合体的停车场分为 3 部分——旅游停车场、电瓶车停靠点和生产用停车场。停车场宜采用嵌草式铺装，场地边缘适当种植高大乔木，在不影响场地停车的前提下最大限度地增加绿量，凸显生态园区的特点。嵌草式铺装有利于雨水下渗，进而补充地下水，与园区的规划理念相得益彰。

二、景观系统工程

（一）景观基质

运用各类农田、绿地和水体共同构建规划区内的景观基质，绿色和蓝色两种基质相互穿插。自然生态的基底将与城市景观基质形成鲜明对比。

（二）景观廊道

利用不同功能片区内部道路、园区入口主要绿地构建景观廊道，形成代表农业景观特色的生态景观走廊。

（三）景观轴线

结合主要道路，设计 2 条主要景观轴线、1 条次要景观轴线，形成综合发展的主要景观轴，串联园区不同核心功能，成为园区对外开放、整合功能、综合服务的综合性景观轴线。同时，建设 1 条主要景观环，1 条次要景观环，主要是起到串联各个功能区的作用，注重主要道路两侧的绿化处理，提升园区整体景观品质。

（四）景观节点

主要建设 4 个主要景观节点及 18 个次要景观节点。

三、旅游系统工程

（一）旅游路线规划

园区设计旅游线路时，结合道路设计，考虑 4 个大景观节点和 18 个小景观节点的位置，做到每个节点均有旅游线路通过。

针对夜间的旅游活动，对夜间重点游览路线进行了规划，在园区设计旅游线路时，结合重要的游览景观节点，配合旅游的线路，做到每个夜间节点均有旅游线路通过。

（二）旅游产品规划

1. 旅游产品规划

旅游产品规划，见表 3-7。

表 3-7　旅游产品规划

序　号	类　型	消费群体	对环境的要求	主要使用时间	使用频率	主要活动内容
1	全园寻宝游	针对所有入园游客，入园时提供地图，通过园区寻宝，体验寻宝快乐	寻宝	不固定	几乎每天	林下花海等地设置藏宝箱，设计开宝箱密码（可以是比赛或者是智力类），集齐相应的宝箱，兑换奖品
2	黄河文化风情游	主要针对各个年龄层的消费群体，通过对黄河文化、民俗文化等多元文化的观赏达到游客的游览需求	红色	不固定	节假日	演出、黄河大合唱、黄河风情演绎、民宿美食体验、博物馆体验
3	黑陶文化体验游	主要弘扬和传承古老的佛头黑陶文化，通过丰富多样的体验项目，让游客了解黑陶文化和制作工艺	体验	不固定	几乎每天	艺术展、手工体验、产品设计、美食、采摘、亲子、展贸

（续表）

序 号	类 型	消费群体	对环境的要求	主要使用时间	使用频率	主要活动内容
4	佛教文化修行	主要以天宁寺为支点，弘扬胜坨镇悠久的佛教文化，为莲友提供灵修、清修的场地	宁静	不固定	几乎每天	灵修、禅修、素食体验、佛文化交流、手工制作
5	林下立体农业体验游	主要针对各个年龄层的消费群体，通过对林粮、林花、林草、林菜、林畜等片区的参观体验互动达到游客的游览需求	体验	不固定	几乎每天	摄影、娱乐、DIY农作物、自助采摘、木屋体验
6	林下探险游	主要针对公司、社会团体、青少年及户外运动爱好者，在园区中设置丰富多样的林下经济项目，达到游览的需求	探险	不固定	节假日	真人CS竞技、拓展训练、青少年实训、迷宫撕名牌、划船、戏水、马术体验、写生、学习、攀爬、森林探险、极限运动
7	林海浪漫星空游	主要针对情侣、夫妻兼顾家庭群体，为他们提供专属的夜晚旅游活动	夜色	不固定	节假日	许愿池中防水灯、大舞台中看演出、水幕电影、莲池中捞愿望、祈福树还愿
8	农业科技游	主要针对胜利社区学校的青少年学生群体，在从事其他游览的同时，增加学习的趣味性	科技	不固定	节假日	植物认知、农业科技认知、农业科技体验
9	娱乐休闲游	主要针对中青年群体，为其开辟鲁西北旅游休闲的新处所，丰富多样的娱乐活动将满足这类游客的各种需求	减压	不固定	节假日	野餐、露营、篝火、家庭远足、登山、婚庆、垂钓、摄影、日光浴、纳凉、阅读、瞭望、沉思散步、汇演、健身、观光、旅游、科研、艺术、聚会
10	亲子互动游	主要针对有儿童的家庭型消费群体，以游戏为主打造轻松	新奇	不固定	节假日	秋千、滑梯、儿童乐园、林中漫步、捉迷藏、迷宫、亲子游戏、亲子动物园、DIY农作物
11	休闲农庄体验游	主要针对各个年龄层的消费群体，通过农事、农具、农景等体验互动达到游客的乡土需求	体验	不固定	几乎每天	农作体验、农具体验、家禽家畜体验、日常活动体验、乡土节庆活动体验、乡土气象体验、乡土地理体验、乡土生物体验、乡土景观体验

2. 节庆活动规划

节庆活动规划，见表3-8。

表3-8　节庆活动规划

序 号	节庆名称	活动内容	主要产品
1	黑陶文化大地雕塑艺术节	用丰富的林下资源和黑陶文化艺术，开展大地艺术节，利用农作物和树木作为景观基质，将黑陶等艺术作品摆放在其中，形成兼具寻宝和观展于一体的露天艺术文化节，促进全球雕塑艺术家、陶瓷艺术家等来此交流、展览，为园区注入艺术内涵的同时，弘扬黑陶文化	林下艺术节、展览、交流、无声拍卖
2	美丽花海灯光音乐节	以花海景区为布展场地，以LED灯组成的时尚灯组为展览参观对象，期间时光隧道、火山喷发、流星雨等近百组梦幻彩灯将点亮整个景区，花海完全沉浸在夜色里，在绚烂的灯光之下，演员们尽情唱歌、跳舞、走秀，让游客们体验一场曼舞盛宴，在这里早上可以赏花，中午可以玩水，下午可以听音乐跳舞，晚上还可以来这里欣赏这一片灿烂的花海，沉浸于浪漫、惬意和唯美之中	花海、灯光、音乐、表演
3	沿黄骑行比赛	定期举办沿黄骑行比赛，将低碳出行、慢节奏生活、公益性健身与休闲观光相结合，充分利用黄河、植被等生态资源，致力于"慢生活+慢行度假"城市生活模式，倡导绿色骑行，健康出行的环保理念，希望让更多人重拾骑行之乐	骑行
4	黄河口观光旅游节	进行黄河风情文艺表演、博物馆参观、渔猎文化体验、休闲采摘、风情民宿，并举行篝火晚会等活动	观赏黄河、歌舞表演、猎鱼、休闲采摘、餐饮住宿、科普
5	马术文化节	举办马术文化节，让游客观赏到以"高度跨栏""盛装舞步"为领衔的马术表演。同时，游客可与名师教练策骑并摄影留念等，带来新鲜的休闲假期感受	马术表演、合影留念
6	夏日缤纷水果嘉年华	在林果成熟的季节举办水果嘉年华，开展水果采摘、水果果品DIY制作、水果谜语竞猜活动等。以游戏的形式结合水果的内容，在炎炎夏日不仅给游客带来了清凉，同时，也增进了游客之间的情感交流	水果品尝、竞猜、休闲采摘、DIY体验、比赛
7	醉美林海	胜利社区田园综合体林业资源丰富，高低错落的各色树木在金秋演绎一场红、黄、绿渐变、层叠的林海景观。游客可以观赏林海景观、林下花海，品尝、采摘丰收的果实，林下食用菌、林下鸡等健康食品，参与林下拓展、真人CS、林下静修等项目，体验林中树屋、林下露营、户外野餐等。为爱好户外运动、亲近大自然的游客提供服务	户外拓展训练、野外露营烧烤、竞技游戏、休闲采摘、避暑

（续表）

序　号	节庆名称	活动内容	主要产品
8	家庭趣味夏令营活动	举办暑期家庭趣味夏令营活动，包括定向越野活动、冰凉夏日水上活动，晚上还可以观看露天电影、水幕电影等	参与活动、看电影
9	雪映群星灯光节	以冰雪为基质，运用灯光来演绎的大田、果蔬、花海等农业景象，还将拼合出各类农产品、农耕场景的灯光雕塑，让游客享受一场视觉效果震撼的农业主题灯光秀。除此之外，灯光节还将放映农业等主题的影片及科普照片，还将提供冰场、雪场为游客提供冬季运动竞技项目	灯光展示、影视观赏、冰山运动

四、农田水利工程

（一）规划依据

（1）《农田灌溉水质标准》（GB 5084）。

（2）《灌溉与排水工程设计规范》（GB 50288—1999）。

（3）《水利工程水利计算规范》（SL104—1995）。

（4）《水土保持综合治理规划通则》（GB/T 15772—1995）。

（5）《中国主要农作物需水量与灌溉》（水利电力出版社 1995 年出版）。

（二）水利现状分析

规划区内供水水源黄河引水。

（三）水资源供需平衡与分析

1. 农业生产用水计算

该片区规划种植面积为 12 663.45 亩，其中，设施面积为 14.8 亩；露地种植面积约 12 648.65 亩。

根据《中国主要农作物需水量与灌溉》（水利电力出版社 1995 年出版），园区各灌溉分区农业生产期需水量，见表 3-9。

表 3-9　水资源供需平衡与分析

分　区	设　施	露地种植	合　计
面积（亩）	14.8	12 648.65	12 663.45
单位面积需水量（m³）	300	450	—
年需水量（万 m³）	44.4	569.19	613.59

（续表）

分　区	设　施	露地种植	合　计
可利用雨水量（万 m³）	31.99	354.06	386.05
所需地下水量（万 m³）	12.41	215.13	227.54

园区各功能分区的年总需水量为 613.59 万 m³，可利用雨水量 386.05 万 m³。

2. 供需平衡分析

由以上分析可知，园区内的可利用天然降雨量为 386.05 万 m³，小于 613.59 万 m³ 的农业需水量，则每年至少需要采用地下水 227.54 万 m³。

（四）农田节水灌溉工程规划

在园区大力普及节水灌溉，提高水资源利用率，同时，降低产业成本，因此，根据不同的种植作物和地形现状，针对性地提出各种节水灌溉方法。

1. 灌溉方式

在露地种植区灌溉方式采用喷灌、滴灌等现代节水灌溉新技术和水肥一体化技术，实现增产增收；在面积较小的高档蔬菜、花卉区可以适当的发展喷灌，应根据实际情况选择固定管道式喷灌、滚移式喷灌等合适的喷灌种类，达到节水又增收的目的；在联栋温室内结合无土栽培采用滴灌，在将营养液直接输送到作物根部的同时，实现节水灌溉的最大化。

2. 水源

园区内灌溉用水取自黄河引水。

3. 管材

在满足园区农作物对水流量及水头的前提下，干管和支管拟选用聚氯乙烯塑料管（PVC），支管间距为 100m，支管上给水栓间距为 35m，地面管道拟选用消防涂塑软管。

4. 管径估算

采用干管流量 $Q = 40\text{m}^3/\text{h}$，采用 PVC 管道，其经济流速取 $v = 1.3\text{m/s}$（水利部农村水利司，1998），则管径 $d_{\mp}$ 可按下式估算：

$$d_{\mp} = 2\sqrt{\frac{Q}{\pi v}} = 2\sqrt{\frac{40/3\ 600}{3.14 \times 1.3}} \approx 0.104\ \text{m}$$

按 PVC 管规格，选用 Φ110mmPVC 管，公称压力为 0.6MPa。

5. 管网布置

根据园区内地形地势条件和农业灌溉水量需求，在原有农业水利基础上，规划 6 个取水口以满足园区生产用水。

6. 水肥高效一体化系统

水肥一体化技术是将灌溉与施肥融为一体的农业新技术。水肥一体化是借助压力灌溉系统，将可溶性固体肥料或液体肥料配兑而成的肥液与灌溉水一起，均匀、准确地输送到作物根部土壤。

在露天条件下，微灌施肥与大水漫灌相比，节水率达 50% 左右。保护地栽培条件下，滴灌施肥与畦灌相比，每亩一季节水 80~120m³，节水率为 30%~40%。水肥一体化技术实现了平衡施肥和集中施肥，减少了肥料挥发和流失，以及养分过剩造成的损失，具有施肥简便、供肥及时、作物易于吸收、提高肥料利用率等优点。在作物产量相近或相同的情况下，水肥一体化与传统技术施肥相比节省化肥 40%~50%。水肥一体化技术可促进作物产量提高和产品质量的改善，果园一般增产 15%~24%，设施栽培增产 17%~28%。

五、给排水工程

（一）设计依据

（1）《农村给水设计规范》。

（2）《室外给水设计规范》（GB 50013—2006）。

（3）《室外排水设计规范》（GB 50014—2006）。

（4）《建筑设计防火规范》（GBJ 16—87）。

（5）《建筑给排水设计规范》（GB 50015—2003）。

（6）《城市居民生活用水量标准》（GB 50331—2002）。

（二）设计范围

规划设计范围是园区的各个功能分区。包括给水设备配置、整体管网布置以及日常生活用水等。

（三）规划原则

以系统化思想为指导原则，对园区内给水管网系统布置进行经济、安全的规划，同时综合考虑项目区内近期重点建设项目和长远发展蓝图，既满足近期设计施工要求，又为中远期发展规划留有一定弹性，便于分期设计和实施以适应将来园区的发展变化。

（四）给水工程规划

1. 水源地选取

园区给水水源，接垦利区给水管网。

2. 给水量计算

本次园区用水量预测采取用地指标法，具体见表3-10。

表3-10　用水量预测

用地代码	单位用水指标 （m³/hm²·d）	用水量（m³/d）
R	110	109 791
A	51	4 918.95
B	50	6 712.5
G	10	3 160.5
S	20	20 375
合计		144 957.95
未预见量	5%	7 247.8975
总计		152 205.85

根据上表，预测规划园区建设用地用水量为 152 205.85m³/d。

3. 给水系统规划

供水压力大的高层建筑物设置增压水泵系统，建立核心区内部给水管网系统，集中调蓄给水系统。供水主管道敷设在一级道路和二级道路下，然后从二级道路的供水主干管引入分管，采用枝状布置供水到各用水建筑。室内给水管采用 DN32 入户，DN25 的管连接各个用水房间。采用镀锌钢管，丝扣连接。

核心区生活生产用水均采用聚氯乙烯（PVC）供水。主管采用管径为 Φ110，根据各建筑用水量支管采用 Φ75。综合考虑供水的安全性、可实施性及经济合理性，输配水管线的位置应符合相关规定的要求，尽量沿规划道路和现有道路敷设，便于施工和维修；力求线路短，工程量小，管道根数及管理应满足规划期内用水要求。

（五）排水工程规划

1. 排水体制

根据国家排水体制的有关规定及本项目的具体情况，采用雨污分流体制，对生活污水进行集中排放，污水最终排入胜坨镇规划排水干管。雨水沿道路排水沟排放。

2. 污水工程规划

（1）污水量计算

污水量按生活用水量的 85% 计算，则生活污水排水量为 129 375m³/d。

（2）管网规划

污水排放管道的布置，综合考虑用地布局、地形、地质条件、附近市政管网的布置、实施的可能性等因素。污水经排污管道最终排入垦利区污水管网。园区沿规划道路布置污水管线，采用 DN300、DN200 污水管道。雨水排水沟沿路布置，采用 d400、d600 沟渠。

3. 雨水工程规划

（1）雨水流量计算。

$$Q = \Psi \text{x} q \text{x} F$$

公式中，Q—雨水设计流量（L/s）；Ψ—径流系数，取 0.70；q—设计暴雨强度 [L/（s·hm²）]；F—汇水面积（hm²）。

雨水设计流量与汇水面积、径流系数成正比，减小汇水面积和径流系数可以有效减少雨水设计流量，从而减小雨水管渠的断面，节省工程造价。而汇水面积与排水分区有关，径流系数与排水范围内的地面性质有关。地面上植物生长和分布情况、建筑面积、道路路面性质等，对径流系数有很大影响。因此，应避免建设过多的不渗水表面，减少不必要的道路或广场铺装，提高植被覆盖率，尽量减小径流系数，以减小暴雨设计流量，降低工程造价。

（2）雨水管渠规划。胜利社区田园综合体主要为农业生产配套服务用地，规划采用雨水管，而其他区域规划采用雨水渠。

区内依据地形及排水管渠形式划分排水分区，收集的雨水部分可用作景观水，其余部分就近排入规划区内可接纳雨水区域，规划范围内雨水管渠沿道路布置。通过计算各地块的汇水面积，利用暴雨强度公式，得到雨水管道的设计流量，从而确定各管渠尺寸。

规划地块的雨水总体排向为由东向西，排入规划区西南侧可接纳雨水区域。雨水管径为 d400~d600。

六、电力电讯工程

(一) 电力工程规划

1. 负荷计算

本负荷计算是采用单位面积负荷指标进行估算，具体见表3-11。

表3-11 电力工程负荷预测

用地代码	负荷率（kW/hm²）	负荷量（kW）
R	100	652
A	300	192
B	300	264
G	10	3 160.5
E	综合农田20，设施农田200	256 229
S	20	20 375
合计		280 873
未预见量	5%	14 044
总计		294 916

根据上表，规划园区用电总计为294 916kW，系数取0.7，功率系数0.9。则变压总负荷约为185 797.081kVA。电压等级为：110kV、10kV、380/220V。配电方式：由变电所至用户的10kV电源，采用放射和环网相结合的方式。

2. 供电电源

现有110kV变电站一座，目前承担的主要负荷均为农村居民用电，因此，近期园区可利用现有线路进行供电，当园区内负荷增长较大，现有线路无力承载时，推荐从110kV变电站新建一条园区专线。

3. 供电线路

园区规划建设1处110/10kV变电站，以满足园区内用电。园区内供电负荷等级为3级，供电电压为380/220V。配电室的供电采用树干式与放射式相结合的供电方式，接入配电线路设短路保护、过负载保护和接地故障保护。

4. 场地照明规划

在园区1级、2级主要道路两侧规划太阳能路灯、场地照明系统。在1

级、2级主要道路两侧布置单臂路灯，间隔 30~50m。照度要求：夜间 7.8lx。

(二) 通讯工程规划

1. 规划原则

(1) 线路应短直，少穿越道路，便于施工及维护。

(2) 线路应避开易使线路损伤的区域。

(3) 减少与其他线路等障碍的交叉跨越。

(4) 避开有线电视、有线广播系统无关的区域。

(5) 选择地上及地下障碍最少，施工方便的道路进行铺设。

2. 电信用户预测

规划区内通讯需求，按表 3-12 估算。

表 3-12　通讯工程预测

用地代码	单位用地面积主线密度	主线容量（线）
	（线/hm²）	
R	每户 2 部	1 200
A	50	96.45
B	50	6 712.5
S	10	10 187.5
总计		18 996.45

根据上表，可得出规划区主线用线量为 0.79 万线。

3. 弱电中心设置

在园区内接入光纤和电缆。保证与国内外联络畅通。信息办公室内装配固定电话和连接到互联网，以方便对内、对外工作上的联络；其他区域可根据实际情况设立相应的通信联络点，方便了游客的同时，也加强了整个园区的信息化管理。通讯主管道沿园区一级主干道路埋地敷设。

七、环卫系统处理规划

(一) 规划原则

规划完善配套各类环卫设施，使环境保持清洁、卫生。同时，逐步实现生活垃圾袋装分类收集，实现垃圾收集运输的容器化、密闭化、机械化、低碳化。

(二) 规划内容

1. 垃圾转运站设置

生活垃圾实行分类收集、统一收集、集中处理模式，垃圾转运站主要设置在配套服务区内，按不超过2km的服务半径设置。规划新建垃圾转运站1座，用地面积约1 000m²，与周围建筑物隔离间距不少于10m。

生活垃圾在垃圾转运站分拣、压缩，可资源化利用的物资得到回收后，其余垃圾由大型运输车辆输送至区域垃圾处理场。

医疗垃圾等有毒、有害的特殊垃圾由特种垃圾处理场进行统一处理。

2. 卫生间

根据用地功能需求合理设置公共厕所，交通干道公厕间距300m，粪便最终进入化粪池，再采用无害化处理注入沼气池。依据以人为本的原则，在适当的地方建造卫生间。

3. 垃圾箱

在核心区内实行垃圾集中倾倒，日产日清。核心区建成后的主要固体废弃物为固体生活垃圾，应及时收集，分类包装，集中堆放，统一处理。对可回收再利用的废弃物要进行清理、回收、出售，不可回收的垃圾要集中在核心区外较为隐蔽的区域统一处理并填埋，填埋标准按照国家有关规定进行。垃圾箱样式应与核心区整体风格相协调，方便游客使用，垃圾箱按沿路每100m一个布置。

4. 标识系统

在道路交叉口处设置中英文指示牌，方便游人到达所需景点。另外结合核心区设计风格设计相应形式的植物标识牌，标注园内作物名称、拉丁名、科属，既起到了科普展示的作用，又可以帮助学生认知植物。

5. 环境卫生基层机构工作场所规划

（1）环卫专用车辆及停车场。规划环卫专用车辆需配套环卫车辆4辆，环卫停车保养场结合垃圾转运站设置。

（2）环卫保洁工人作息场所。设置环卫工人休息场所2处，每处约30m²，可与其他建筑合建，地点的选择应方便环卫工人休息。

八、公共设施系统

园区内部设置游客服务中心、住宿、餐饮、购物、医疗、公共自行车服务站点、厕所等服务设施，方便游客入住、出行、购物等活动。

公共自行车服务站/点沿路布置多个，全园可随时租赁和退还，方便入园游客骑车游览，同时，可通过自行车出租形成园区另一收益来源。

另外，园区设计举办类似环法自行车比赛等节庆活动，可定期吸引相当数量的骑行爱好者，同时，又为园区起到了良好的宣传作用。

第七节　投资估算与效益分析

一、投资估算

（一）投资估算依据

（1）由国家发改委和建设部 2006 年颁发的《投资项目经济评价方法与参数》发改投资［2006］1325 号文；

（2）设备采用各厂家报价，并计取运杂费、安装费；

（3）原材料按当地近 3 年市场平均价格计取；

（4）国内外类似工程的造价及当地实际情况；

（5）设备费用根据厂商提供的报价估算；

（6）国家现行投资估算的规定。

（二）投资估算

胜利社区田园综合体总投资 12 854.61 万元，其中，核心区总投资 4 537.20万元（表3-13）。

表3-13　胜坨镇胜利社区田园综合体投资估算

序　号	项　目	单位/亩	投资额 （万元）	比　重
1.	田园综合体核心区	2 779.63	4 537.20	35.30%
1.1	游客服务中心	14.98	—	—
1.2	为农服务中心	54.95	—	—
1.3	农业科技创新平台	54.50	—	—
1.4	现状学校	55.34	—	—
1.5	古文化风情街	154.83	—	—

（续表）

序　号	项　　目	单位/亩	投资额（万元）	比　重
1.6	黄河口风情民宿	114.06	—	—
1.7	黄河风情小镇	884.41	—	—
1.8	古文化蔬菜雕塑广场	18.08	9.04	0.07%
1.9	梯田花海	11.57	5.79	0.05%
1.10	林间花海禅修基地	15.58	7.79	0.06%
1.11	黑陶佛文化大讲堂	7.74	103.10	0.80%
1.12	黑陶文化创意基地	3.80	50.62	0.39%
1.13	佛头黑陶周边产品设计部落	4.23	56.34	0.44%
1.14	佛头黑陶文化艺廊	10.41	138.66	1.08%
1.15	青少年黑陶艺术实训基地	15.25	203.13	1.58%
1.16	古法制陶基地	48.77	649.62	5.05%
1.17	黑陶艺术品展货交流平台	15.18	202.20	1.57%
1.18	趣味果品 DIY 木屋	7.26	19.34	0.15%
1.19	胜景开心蔬菜采摘园	50.00	241.40	1.88%
1.20	休闲林果采摘园	267.78	93.72	0.73%
1.21	母爱黄河亲子区	30.82	451.20	3.51%
1.22	自采菜生态餐厅	16.75	446.22	3.47%
1.23	休闲垂钓亲水乐园	39.14	782.02	6.08%
1.24	创意菜田	72.57	18.14	0.14%
1.25	林下芳香百草园	579.79	289.90	2.26%
1.26	空中漫步连桥	4.58	12.20	0.09%
1.27	儿童林中探险乐园	47.85	159.34	1.24%
1.28	企业拓展训练基地	86.54	288.18	2.24%
1.29	林下 CS 镭战基地	92.87	309.26	2.41%
2.	泰升农场柳仙桃园休闲观光度假区	292.60	885.94	6.89%
2.1	黄河滩百果生态园	128.95	3.22	0.03%
2.2	沿黄柳仙景观带	12.17	324.21	2.52%
2.3	黄河柳仙太极广场	5.55	147.85	1.15%
2.4	黄河雕塑公园、水幕影院	5.57	81.54	0.63%
2.5	桃果小作坊	4.09	59.88	0.47%

（续表）

序　号	项　　目	单位/亩	投资额（万元）	比　重
2.6	桃花生态餐厅	4.60	214.45	1.67%
2.7	生态鱼塘	21.15	10.58	0.08%
2.8	泰升特色桃果种植基地	110.52	44.21	0.34%
3.	沿黄现代农业生产区	2 042.71	510.68	3.97%
3.1	有机蔬菜种植基地	1 931.85	482.96	3.76%
3.2	优质粮食种植基地	110.86	27.72	0.22%
4.	垚丰林下经济休闲组团	4 293.59	2345.21	18.24%
4.1	葡萄种植温室	11.26	168.90	1.31%
4.2	百果休闲采摘园	86.45	34.58	0.27%
4.3	林下粮食标准化生产基地	4 072.27	1 221.68	9.50%
4.4	林下有氧康健运动广场	3.30	87.91	0.68%
4.5	特色民宿区	63.47	—	—
4.6	林间驿站	56.84	832.14	6.47%
5.	巨丰林下经济绿色组团	1 613.30	845.19	6.58%
5.1	林下食用菌标准化种植基地	1 227.88	613.94	4.78%
5.2	林下乌骨羊散养基地	385.42	231.25	1.80%
6.	胜景林下经济生态组团	4 237.17	3 730.40	29.02%
6.1	林下马术运动场	209.19	627.57	4.88%
6.2	黄河口黑陶大地艺术展	12.00	239.76	1.87%
6.3	林下蔬菜标准化种植基地	3 732.81	933.20	7.26%
6.4	黄河渔猎文化体验区	165.44	645.22	5.02%
6.5	佛头黑陶涂鸦集装箱驿站	70.07	745.54	5.80%
6.6	黄河民族风情演绎舞台	8.00	117.12	0.91%
6.7	黄河渔家生态餐厅	39.66	421.98	3.28%
总计		15 259.00	12 854.61	100.00%

（三）资金筹措

胜坨镇胜利社区田园综合体项目投入总资金为 12 854.61 万元，其中，国家及地方财政投入 1 544.23 万元，占总投资的 12.01%；社会资金投入

4 703.37万元，占总投资的36.59%；申请农村商业银行银行贷款6 607.02万元，占总投资的51.04%。

具体资金筹措，见表3-14。

表3-14　胜坨镇胜利社区田园综合体资金筹措　　　　（单元：万元）

序　号	功能分区名称	总投资			
		合　计	其　中		
			社会资本投资	国家及地方财政投入	银行贷款
1	田园综合体核心区	4 537.20	1 588.02	680.58	2 268.60
2	泰升农场柳仙桃园休闲观光度假区	885.94	310.08	88.59	487.27
3	沿黄现代农业生产区	510.68	163.42	51.07	296.19
4	垚丰林下经济休闲组团	2 345.21	891.18	257.97	1 196.06
5	巨丰林下经济绿色组团	845.19	295.82	92.97	456.40
6	胜景林下经济生态组团	3 730.40	1 454.85	373.04	1 902.50
总计		12 854.61	4 703.37	1 544.23	6 607.02

二、效益分析

（一）社会效益分析

1. 培养新型职业农民，提高生产效率和收益

规划区将采取先培训后上岗的用工政策，培训合格以后员工才可正式上岗。项目的建设将带动一大批农民走上科学化、规模化从事农业生产的道路，让农民通过科技提高生产效率和生产收益，使农业生产走向依靠科技发展的道路。

2. 促进城乡一体化，优化产业结构

立足区位优势，通过田园综合体发展，为胜利社区及周边区域提供一处环境优美的休闲娱乐场所，有效带动当地第三产业的发展，进一步促进城乡功能对接。先进的农业技术和产业化的运作模式将有力地推进当地的农业水平，促进当地农业产业结构进一步优化和升级，同时，带动当地及周边农业科技进步，进而提升当地农业整体科技水平。

3. 利用优势资源，形成产业集群

胜利社区田园综合体的建设将充分发挥国内外高端技术人才优势，创造

田园综合体先进农业技术市场化和产业化的运作机制和经营模式，通过示范效应和带动作用对外不断进行扩散和延伸，形成集空间扩展、技术研发推广和模式示范于一体、生态保护与功能性产品开发并行的产业集群。通过产业间相互渗透、交叉重组、前后联动、要素聚集、机制完善和跨界配置，将农村一三产业有机整合、一体推进，着力构建交叉融合的现代产业体系，努力促进农业产加销紧密衔接。

（二）经济效益分析

1. 龙头企业快速发展，形成园区发展新格局

通过引进和培育各类加工龙头企业，进一步延长产业链条。到 2020 年，积极推进龙头企业的一二三产业融合发展，引导龙头企业加快技术改造升级，扩大生产能力，延长产业链，增加附加值。引导龙头企业向优势区域聚集，向产业集群基地集中，加快形成集群式、园区化发展新格局。

到 2020 年，园区培育省级及以上龙头企业 2 家，市县级龙头企业 6 家，新型农业经营主体增加 30 家，辐射带动 1 000 户农民就业发展。

2. 调整产业结构，带动经济发展

通过壮大主导农业优势产业的发展，能够有效调整产业结构，加快产业化进程，提高农产品的附加值，增加涉农产业对劳动力的吸纳能力，通过龙头企业和品牌的带动作用，有效提高田园综合体农业的影响力和市场竞争力，并充分发挥田园综合体的辐射带动作用，辐射周边 20 000 亩土地发展，促进胜坨镇整体的经济。

3. 增加就业机会，提高农民收入

田园综合体内各功能分区均为劳动密集型产业，各功能区的开发和建设将会为社会提供大量的工作岗位，除可长期解决新建小城镇居民的就业问题外，还可安排大量的农村富余劳动力和城镇待业、下岗职工就业，实现农村富余劳动力的转移，国家增加财政税收。通过合作制、股份合作制、股份制等组织形式，采取"保底收益+按股分红"等方式，让农民分享农业全产业链价值链增值收益，培育农民增收新模式，形成利益、命运和责任共同体。

旅游经济效益主要来源于园区日常住宿、餐饮，园区内蔬菜、果品采摘及其他农产品、周边产品的销售等，到 2020 年，各项目正常达产后，园区内农民人均纯收入高于全市平均农民人均纯收入 20%，达到 24 000 元，旅游接待总人数达到 30 万人次，旅游年均收入达到 6 200 万元。

（三）生态效益分析

1. 大力发展林下经济，打造东营城市绿肺

通过发展生态林、果林、防护林的种植，有效减少水土流失和沙尘暴，植树造林能减少旱灾、洪灾、虫灾等自然灾害。夏季树林使地面温度降低，空气垂直温差变化减少，上升气流速度减弱，因而，还可削弱形成雹灾的条件。同时，植树造林能制造氧气，形成垦利区、东营市的天然屏障，成为城市绿肺、天然氧吧。

2. 协调农业景观，提升生态水平

通过建设不同特色、不同风格的功能建筑和景观建筑，辅以独特的设计，保持与周围自然景观和人文环境的高度协调；通过各个功能区的建设，利用园林化手法，种植蔬菜、粮食、苗木和花卉，使项目区的土地绿化率提高到80%以上。

3. 减少环境污染，增强市场竞争力

项目所建设林果、蔬菜等产业，均按照无公害、绿色食品的标准生产，满足人们对安全食品的需求，减少农药、化肥等对环境的污染，有利于林果、蔬菜等种植产业的可持续发展。项目规划遵循可持续发展和三效和谐原则，以科学发展观为统领，充分考虑资源与生态环境的承载能力，优化产业结构，坚持节约发展、清洁发展、安全发展，增强市场竞争力。

第八节　组织管理与保障措施

一、运营管理机制

按照园区目前的功能定位，现行的运行机制为"政府搭台、企业运作、中介参与、农民受益"运行模式，政府为园区建设和发展创造良好的政策与投资环境，进行宏观引导和组织协调；田园综合体管理机构为园区建设主体，合理配置资源、进行产业化开发以及园区的规划建设；中介组织开展咨询、评估与培训，提供科技服务；农民以土地、劳动力、资金等入股或通过与企业签订雇用合同等形式参与园区建设，接受技术指导与培训，同时，由农民转变为农业工人，以股息分红和赚取工资为主要收入来源，从而保障自

己的经济利益。

（一）人力资源管理

人力资本是支撑企业发展的根本，在人才结构上以企业原有领导班组和当地农民为主，积极引进外部优秀人才加盟，形成一个高效科学的人力资源系统。

具体管理内容包括如下。

1. 注重员工素质培养

对所有员工进行岗位技能培训，定期组织考评，包括组织种植技术、服务的定期考评以及组织技术表演赛和技术交流会，并对表现出色的人员给予相应的物质和精神奖励。

2. 制定全员竞争上岗的用人机制

园区以人为本，在人力资源的管理上实行高度精干、高效工作、高额报酬的原则，打造出一种园区外部人员力争加盟、园区内部人员力争留任的氛围，以此吸引更多的精英参与竞争上岗，形成一种竞争压力。

3. 科学设计员工服务规范和标准

加强对员工的考核，建立定量考核的指标体系，明确岗位任务和考核指标，建立奖惩机制和晋升淘汰机制，使员工队伍优良化。对一线员工全部实行计量工资，辅助岗位、管理人员实行岗位工资，实行多劳多得的分配原则，使员工劳有所得，劳有所获。科学合理的管理模式必然会调动员工的工作积极性，增加园区的凝聚力。

（二）人力资源开发措施

1. 加大对生产、管理人员的培训

挑选中高层管理人员派到国内现代农业、休闲农业建设成功地区进修，学习先进管理经验和管理理念，以点带面，产生乘数效应，短时间内提高经营管理水平。建立高水平的培训机构，聘请资深培训师，认真做好上岗的培训与组织工作。注重实用性，提高生产和旅游从业人员的各项素质。

2. 加强农业人才的引进力度

园区要秉承"重人才、纳贤士"的理念，通过创造良好的人才发展环境，优化服务机制。通过招聘、调动等方式把一些懂业务、善管理、有相当资历、素质水平较高的人才，充实到各经营管理层之中，提高园区建设的人才水平。鼓励优秀的技术人才和经营管理人才到园区进行开发和投资创业，

努力打造一支"高学历、高职称、高层次、高素质"的创新型人才队伍。

3. 充分调动员工的积极性

合理地使用人力资源，通过有效的激励方式，如雇佣保障、系统培训、即时支付、小型激励、心理契约、联络家属、充分尊重、量身定做等方式，使员工的工作积极性提高，以便更有动力的完成各项工作。

（三）市场销售管理模式

1. 发挥品牌效应，强化品牌管理

大力实施名牌战略，鼓励企业开展名优品牌创建，叫响培育地域性知名产品。委托专业单位进一步研究、设计各个产品的独特形象，明确发展理念，确立发展的方向和具体建设内容，提高发展水平。利用电视、报刊、网络等多种媒体渠道全方位宣传介绍园区特色，扩大知名度，树立主题形象，让社会各界充分认识园区各主要产品的特色和价值，提高民众认知度和认同感，达到鲁西北地区居民一提起现代休闲农业就会自然而然地想到园区的市场推广效果。

2. 突出园区特色，打造园区品牌

加强政策倾斜扶持品牌，立足主导产业培育品牌，发挥龙头企业作用壮大品牌，加大已有品牌整合力度。重点发展特色餐饮、农业观光采摘、苗木、会议婚庆活动等经营项目，同时，兼具超市配送、精品菜、特色菜、精品花卉等业务。同时，与鲁西北、国内外各大农产品市场建立密切的业务联系，争取将园区特色农产品在国内外市场中做大做强。

3. 建立信息交流平台，增强园区发展水平

建立信息交流平台，及时收集、交流、整理信息，分析市场的需求变动趋势及结构变化，调整和优化投资结构、种植结构和产品结构，确立主导项目和开发重点，不断增强园区发展水平。

（四）招商引资与投融资机制

按照"政府引导、市场运作，省市扶持、区级统筹"相结合的方式和"目标统一、渠道不变、有效整合、管理有序"的要求，以园区内经营主体投入为主，整合发改、财政、农业等相关涉农项目资金，引导金融机构和社会资本广泛参与。

1. 加快市场主体培育

应加快培育家庭农场、专业大户、农民合作社、农业产业化龙头企业等

新型农业经营主体，加快培育创业创新主体，积极引导乡镇企业通过创业创新实现转型升级。利用现有培训资源，结合新型职业农民、农村实用人才、职业技能等培训计划，广泛开展农民创业技能培训，培育一大批农民创业创新带头人，筛选培养一批农民创业创新辅导师，积极配合实施新生代农民工职业技能提升计划。园区新型经营主体达到5家以上，园区农户参加新型经营主体达到85%以上。

2. 建立招商引资机制

应建立田园综合体招商引资机制，制定招商办法和优惠政策，通过展会招商、产业招商、网上招商、代理招商等多种形式，吸引有实力的企业入驻园区，培育一批引领示范现代农业发展的龙头企业集群。农业产业化经营率达到95%以上，注册资金500万元以上企业占园区企业数量50%以上，每年招商落地项目资金达到1 000万元以上。

二、农业经营机制

（一）适应市场化要求的管理体制与经营机制创新

大力推广市场引领下的"公司+农户""基地+农户""公司+合作组织+农户"等产业化经营模式，鼓励龙头企业发展"订单农业"、实行二次返利，与农民建立"利益共享、风险共担"的利益共同体。创新农业生产方式，按照高产、优质、高效、生态、安全的要求，大力推进农业结构调整，发展品牌经营，加快创建国际知名农产品品牌，建立独具特色的区域性"品牌经济"，提升农业产业化水平，不断拓宽农业增效、农民增收的空间。创新现代农业模式，加快田园综合体建设，根据市场的需要，打破地域、行业、所有制界限，把产供销、贸工农紧密结合起来，实现优化组合，建立符合现代农业发展要求的经营机制。

（二）充分发挥农民主体作用

建立健全乡村建设民主决策机制，在村党组织领导下，发挥胜利社区村民理事会、议事会等作用，引导村民全程参与规划、建设、管理和监督，充分依靠农民群众的智慧和力量建设美好家园。完善村务公开制度，严格规划管理，农村人居生态环境综合整治、新农村示范村建设规划必须充分征求村民意见；严格项目和资金管理，重大项目实行招投标制度，重大事项必须经村民代表大会讨论通过，接受群众和社会监督。政府制定具体实施办法，允许村级组织承接村内环境整治、小型农田水利、巷道建设等小型涉农工程项目，民居农房建设等项目可交由当地经过培训的农民工匠组织实施。

三、投融资机制

（一）探索农业投融资新机制，为田园综合体建设提供支撑

引导各类经济实体、社会资金以及外资在区镇两级参与组建融资性担保机构，鼓励田园综合体健全现代农业融资服务体系，建立涉农贷款风险补偿制度，创新财政引导金融资本投入机制。鼓励金融机构开发适合农业适度规模经营发展需要的金融产品，创新农业融资服务方式，因地制宜地扩大贷款抵押物范围，在风险可控的前提下，向符合条件的新型经营主体发放订单权益质押、信用联保等贷款，或提供大中型农机具融资租赁等服务。

坚持以促进农民持续增收为中心任务，以试点区域主导产业为支持重点，以农业产业化龙头企业、农民专业合作社、家庭农场和种养大户为扶持主体，着力健全农业融资服务体系，创新农业融资模式和服务方式，鼓励融资性机构设立分支机构。逐步建立覆盖区、镇两级行政区域的农村融资体系，为加快农村综合改革试点的建设步伐提供有力的金融支撑。

（二）龙头企业全产业链金融模式创新

农业产业化经营关键在于培育和壮大龙头企业。农业龙头企业开展全产业链建设，既可以促进农业现代化生产经营，也可以有效控制农产品质量和防止价格过度波动。在龙头企业全产业链建设过程中，需要大量的资金支持，也需要创新金融机制以服务发展的新要求（图3-4）。

（三）建立健全贴息制度，引导金融资本参与

积极与农村商业银行建立合作机制，建立健全财政贷款贴息制度，地方财政每年拿出一定比例的预算安排作为贷款贴息，重点针对农业小额贷和全垦利区重大农业产业化项目贷款进行财政贴息，扩大融资渠道，促进农业主导产业做大做强。建议成立贷款贴息工作领导小组，具体负责组织、协调工作，制定综合改革试验区小额贷款贴息资金管理办法，将财政贷款贴息支持与产业结构调整相结合，统一规范操作规程，将财政贴息直接落实到贷款户。

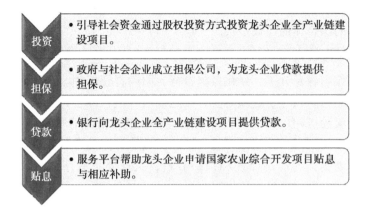

图 3-4　龙头企业全产业链建设金融创新示意

四、保障措施与建议

(一) 建立领导小组，部门配合发展

成立胜坨镇胜利社区田园综合体建设领导小组，全面负责协调田园综合体建设规划实施中的领导、组织和决策。领导小组下设管理委员会，设在东营农业局，主要任务是负责对胜利社区田园综合体建设投资项目的协调与监管，加强项目规划的宣传，充分调动各方面的积极性，形成各负其责、各尽其职的工作机制。重点功能分区各设置 1 个园区管理委员会，主要任务是专门对接东营管理委员会，协调落实领导小组的决策决议，同时，对投资项目进行对接与监管。在明确责任和分工的基础上，进一步理顺管理体制，形成责权一致、效能统一的胜利社区田园综合体发展组织管理体系。促进各部门密切配合、通力合作，共同推动胜坨镇胜利社区田园综合体的建设。

对于胜坨镇胜利社区田园综合体建设中的重点项目、重点工程，要实行目标管理，加大考核力度，落实奖惩措施。加快胜利社区田园综合体发展的优惠政策的制定和实施，对各类企业进入加工、流通、农业高新技术开发、生态农业等领域，在土地、信贷、贸易等方面给予优惠扶持。

胜利社区田园综合体的建设和发展涉及垦利的多个政府部门，各个部门之间的协调是田园综合体建设能够顺利开展、成功运营的重要保证。各政府部门要很好地发挥团体协作性，既要做好本职范围内的工作，又要辅助其他部门的相关工作，从而达到事半功倍的效果。保证"有人牵头、有人负责、目标清晰、职责明确、协调顺畅、部门配合、便捷高效"的工作状态，加快胜利社区田园综合体的建设步伐。

（二）强化绩效考核，扎实有效推进

明确工作内容及分工，量化考核指标，明确责任权利。对胜利社区田园综合体建设的组织领导、措施落实、实施成效等进行综合评价，制定统一规范的考评和激励机制。每季度召开1次胜利社区田园综合体建设工作会议，协调各部门之间工作，共同推动胜利社区田园综合体的建设和良好的管理运行；加强规划实施的动态监控和跟踪分析，执行周密有序的阶段性目标管理，农业部门定期将项目实施情况收集总结，向主管部门报告。积极做好重点建设项目的推进工作。提高规划实施的社会参与度和透明度，采取多种形式，让群众了解规划实施情况和评估分析，形成评估结果报告，作为修订规划的重要依据。同时，按照"严格程序，规范操作；完善制度，依法管理；强化监督，提高效益"的原则，建立健全各项管理制度，推进项目管理的制度化、规范化，形成责任明确、监管有力、协调高效的管理机制，切实抓好项目实施，严格项目管理，确保项目资金合理、安全使用，最大限度发挥农业投资效益。

（三）强化政策配套，撬动社会投资

重视财政投入对农业发展的关键作用。建立稳定的财政支农投入增长机制，坚持"多予少取放活"的方针，落实公共财政倾斜政策，确保财政支出优先支持农业农村发展。同时，采取以情招商、以企招商、以商招商等多渠道招商引资措施，开展产业招商和配套招商，引进一批产业关联度高、有特色、适合本地发展的项目，延长产业链条，打造产业集群，促进园区优势产业加快形成。同时，加大对投产项目跟踪力度，积极帮助企业协调解决项目存在的问题，促进共赢。合理运用政府、企业、信贷、基金等方式，吸引大量资金加入，聚集各类要素，吸引更多工商资本、民间资本和外商资本投入园区建设中。

（四）落实重点战略，提升农民水平

按照试验、示范、推广的途径，办好各类试验示范，提高核心区的辐射带动作用，通过重点战略的规划实施，提高胜利社区田园综合体的公共服务支撑能力，积极协调农业与科技部门等涉农部门，组织开展各类专业户、种养大户、农业骨干、园区员工的专业技术、经营管理技术、市场营销等知识

的培训，培养一批从事农业生产经营的能手。通过培训，不断增强农民吸收、应用、转化科技成果的能力，并通过政策引导和多种形式的科技教育支持、信息服务等，不断提高农民的综合素质与能力。重点培育和造就一批具有现代化意识的农业企业职业经理人和农业高级经营管理人才队伍；建设一专多能的"职业农民"队伍；建立高效、专精的农业推广专业技术人员队伍。同时，通过举办现场会、培训班等形式，多渠道、多形式、多层次地培训农民，提高农民技术水平，促进农业生产的可持续发展。完成跨世纪青年农民科技培训、绿色证书培训、新型农民学历教育培训等提高农民农技知识的培训工作。而企业作为投资主体，起着"领头羊"的作用，租用农户土地，并吸引农民参与胜坨镇胜利社区田园综合体的建设工作，可解决农民的就业问题并提高他们的收入。

第四章　胜坨镇尚庄村田园综合体规划实践

胜坨镇尚庄村田园综合体规划紧抓林下经济和养生养老产业主线，以"突出特色、科技引领、生态优先"的发展思路，以建成山东省一流的健康休闲养生养老产业区为目标，重点对接黑龙江、海南春秋两季的养生养老市场，打造集现代农业、生态林业、采摘垂钓、休闲养生、医疗养老为一体的环境美、产业兴、品牌响、生态优的田园综合体。园区重点建设综合服务养老社区、林下粮食标准化种植示范区、林下中药材健康养老体验区、林下花草休闲养生互动区、游船亲水区、现代农业复垦区等六大功能分区，形成"一环、一心、两带、两园"的总体布局。

第一节　规划范围与期限

项目位于山东省东营市垦利区胜坨镇尚庄村，北临孙家村，南倚六干排，毗邻德州路西沿（新建），与秦家村相望，西通 316 省道，省道北连胜坨路、胜兴路。河广大道、广利河贯穿园区，交通通达性高。总规划面积约 5 159.69 亩。

园区的规划期限为 3 年：2017—2020 年。

第二节　园区现状与发展条件分析

一、区域概况

（一）区位交通

胜坨镇位于垦利区西部，镇驻地南距东营区西城 10.5km，东南距东城

15km，东北距垦利区城区 10.5km，西、北倚黄河与利津县相望，南与董集乡及东营区交界，东与垦利街道相连。项目区所在尚庄村位于胜坨镇西南，北接孙家村，南倚六干排，毗邻德州路西沿（新建）与秦家村相望，西通 316 省道，省道北连胜坨路、胜兴路。河广大道、广利河贯穿境内，路网丰富，四通八达。

（二）自然条件

尚庄村地处黄河冲积平原上，地面平坦，多为沙性土壤。属于温带季风气候区，且受大陆性季风气候影响，冬季干冷，夏季湿热，四季分明。年日照总时数 2 479.7 小时，较常年偏少 285.7 小时。全年气温偏高，冬季少大风严寒，春季温暖湿润，温度回升快。降水时空分布不均。境内有广利河和六干排排水河道，水利条件较好，主要农作物有小麦、玉米、水稻，次为大豆、高粱等，经济作物主要有棉花、桑蚕、瓜菜、花生等。由于地下水位逐年升高，土地碱化严重，是制约农业发展的重要因素。

（三）土地利用状况

整个产业园占地面积为 5 159.69 亩，以农业用地为主，其中，373.5 亩为建设用地。一类居住用地共 88.35 亩；公共设施用地 12 亩；商务服务业设施用地共 38.7 亩，道路与交通设施用地 205.8 亩；规划区内水域面积为 314.1 亩，农林用地 4 500.75 亩，其中，设施用地 90 亩，露地种植用地 4 176.15 亩。

（四）社会经济状况

2016 年胜坨镇实现地区生产总值 166 亿元，是 2011 年的 1.68 倍，年均增长 11%；地方财政一般预算收入 2.06 亿元，是 2011 年的 1.87 倍，年均增长 13.37%；农村居民人均可支配收入达到 17 184 元；完成固定资产投资 52.7 亿元。全镇规模以上工业企业由 2011 年的 39 家发展到 48 家，预计规模以上工业企业实现总产值 1 043.9 亿元，是 2011 年的 2.04 倍，年均增长 15.3%；主营业务收入 1 041.7 亿元，是 2011 年的 2.14 倍，年均增长 16.4%；利税 124.3 亿元，是 2011 年的 1.98 倍，年均增长 14.7%，利润 106.5 亿元，是 2011 年的 2.02 倍，年均增长 15.1%。预期 2017 年完成地区生产总值 173 亿元，增长 4.2%；地方财政一般预算收入 2.20 亿元，增长 7%；农村居民人均可支配收入达到 17 971 元，增长 4.6%；完成全社会固定资产投资与 2016 年持平。

二、发展条件分析

（一）优势

1. 交通通达性高

胜坨镇位于垦利区西部，镇驻地南距东营区西城 10.5km，东南距东城 15km，东北距垦利区城区 10.5km，项目区所在尚庄村位于胜坨镇西南，北接孙家村，南倚六干排，毗邻德州路西沿（新建）与秦家村相望，德州路由东向西依次连接东王村、尚庄村、戈武村以及胜利社区四个田园综合体。项目区西通 316 省道，省道北连胜坨路、胜兴路，均为胜坨镇主要干道。河广大道、广利河贯穿境内。尚庄村距东营火车站 8.6km，距东营机场 32.5km，出行便利，境内路网丰富，四通八达，交通通达性好。

2. 水利资源丰富

胜坨镇境内有六干、胜干、诸家支、巴东支、巴西支、路东干渠、路南干渠等 10 处大中型引黄灌渠和广利河、溢洪河、六干排等排水河道，灌溉面积 2 666hm²。项目区所在的尚庄村东倚广利河，南临六干排，水利条件较好，可为工农业生产和人民生产生活提供可靠的淡水资源。

3. 产业先发优势明显

尚庄村田园综合体项目在园区中进行林下中药材种植，并依托一三产业融合，带动园区休闲农业及养生养老产业规模发展，在具备休闲农业观光旅游功能的同时，增添中医药和养生养老及配套功能，在胜坨镇较多的传统休闲农业旅游项目中独树一帜，市场竞争先发优势明显。

（二）劣势

1. 土地生态环境脆弱

胜坨镇位于黄河三角洲区域，属于河口湿地生态系统，在生态和景观资源丰富的同时，生态环境也较为脆弱。境内土地多为新生陆地，成陆时间较短，地下水埋深较浅，造成土地盐碱化程度较高，同时地下含有丰富的石油和天然气，导致油渍化现象严重，植被覆盖率低，防御自然灾害能力差，开发利用难度大。

2. 土地复垦成本偏高

尚庄村田园综合体项目在引进社会资本对土地进行整理、复垦，用于种植开发时，面临复垦投入大，成本高，补充耕地潜力有限，且农业开发收益低，见效慢等问题，农业结构调整主要受市场的影响，具有不稳定性。

3. 专业技术人才缺乏，服务体系不健全

中药材种植涉及选种、播种、育苗、田间管理、采收加工、病虫害防治等技术环节，种植管理有较高的技术要求，需要专业的技术指导和服务体系。但目前尚未建立健全与中药材产业发展相配套的产前、产中、产后配套服务体系和专业人才，在中药材种植的种苗供给、种植管理培训、技术指导以及产品销售等都未达到产业化发展的要求。

（三）机遇

1. 经济发展形势良好

胜坨镇作为胜利油田的发源地，是垦利区的经济强镇，在经济建设、城乡统筹、招商引资、改善民生等各方面发展良好，并进一步推进新型农业现代化、城镇化、信息化、绿色化合理发展，促进胜坨镇经济融合发展，为推动尚庄村田园综合体产业转型升级、资源综合利用和发展高效生态经济创造了良好机遇。

2. 中医药养生市场广阔

在人口老龄化和"亚健康"的趋势背景下，人们对健康意识空前高涨，由此诞生了市场容量可达 117 000亿美元的养生产业。中药养生以吸收中医中药的千年精华为基础，配合中药原始尖端医疗技术、疗法，以其无痛、无毒、无副作用的特色征服对健康有迫切需求的 13 亿消费者。垦利区地理位置优越，气候四季分明，地形地貌起伏多变，中药材传统种植经验丰富，中药材产品在整个山东乃至全国中药材市场上口碑好、走货顺畅，深受广大药商和中药生产企业的青睐。随着中药养生文化在家庭消费中的逐渐普及，中药养生产品入市流通已经是大势所趋。迎合休闲经济时代的消费时尚，园区发展中医药养生市场前景广阔。

3. 居民健康意识增强

目前，国人的健康意识，特别是城镇居民的健康意识正在发生着巨大的变化，这种变化主要体现在 3 个方面：一是健康消费需求由简单的疾病治疗，逐步向疾病预防和保健转变；二是从健康意识、健康需求、支付能力等方面看，大部分城镇人口和部分农村人口都是当前健康体检和养生养老服务的需求者；三是随着我国居民健康意识的逐年提升，"用今天的钱买明天的健康"已深入人心，居民的健康体检和养生养老消费支出逐年上升。城镇居民健康意识的增强，为尚庄村田园综合体中医药产业和养生养老产业的发展创造了良好的机遇。

（四）挑战

1. 中药材种植规范化程度低

目前，胜坨镇的中药材种植面临着生境适应性差、播种前种子或植株处理不当、施肥类别和频率分化、常见病虫害等问题，中药材规范化种植程度不高，进而影响胜坨镇中药材的质量和产量。尚庄村中药材产业的发展缺乏有效的管理和科学的规划，中药材种植处于无序状态，致使中药材品种多、单品种产量小、产品质量次，种植上不了规模，没有能占领市场的主导和优势品种，阻碍尚庄村中药材产业及养生养老业的发展，为尚庄村田园综合体项目的投资带来一定的风险。

2. 中药材市场价格波动大

国家政策、疫情暴发、居民健康理念的变化是影响中药材均衡价格变动的决定性因素，如非典疫情暴发，板蓝根和金银花的价格一路上涨 10 倍且供不应求。同时，中药材市场特点、市场需求、供给市场的供给水平等因素均会给中药材价格带来波动，胜坨镇中药材种植规模化程度低，被动接受市场价格趋势明显，中药材种植成本、流通成本和土地要求决定中药材的供给情况，造成药材价格涨跌互现，因此，东营市润东林业有限公司需深入了解中药材种植的市场特点，科学研究，制定正确的生产和经营策略，避免盲目安排种植品种，造成市场滞销，影响企业、农户的收入，打击种植户的生产积极性。

3. 体制机制障碍依然存在

伴随着农业生产的专业化、规模化、集约化发展，加快农业组织创新的要求日趋迫切，现代农业发展容易衍生出大量个性化、定制化、特惠式的服务需求，导致传统的农业服务体系的局限性日益显现。由于体制改革滞后，政府主导的农业推广体系还不适应农业结构调整对农业技术多元化、个性化的需求；农村金融服务不足，农业保险业务进展缓慢，由于缺乏有效抵押和保险，金融资本进入农业领域的动力不足。

第三节 发展思路与目标

一、指导思想

深入贯彻落实科学发展观,紧抓财政部开展田园综合体建设试点工作及山东省"两区一圈一带"的区域发展战略部署重大机遇,认真贯彻创新、协调、绿色、开放、共享发展的"十三五"核心理念,准确把握现代农业发展阶段特征,着力深化改革,强化全局意识,树立战略思维。按照突出特色、科技引领、生态优先的要求,以市场为导向,以资源为依托,以科技为支撑,优化产业布局,提高产业效益,促进一三产业融合,推动现代农业产业重构、品质提升和系统升级,不断提高农业组织化、标准化、规模化、品牌化和产业化水平,将园区打造成为集现代农业、生态林业、采摘垂钓、休闲养生、医疗养老为一体的环境美、产业兴、品牌响、生态优的胜坨镇尚庄村田园综合体。

二、发展定位

立足东营,面向山东,辐射全国,以建成山东省一流的健康休闲养生养老产业区为目标,重点对接黑龙江、海南春秋两季的养生养老市场,最终建设成为林下中药材健康旅游示范区、健康养老特色小镇。

(一)林下中药材健康旅游示范区

按照垦利区旅游产业发展规划,依托优势资源,综合开发利用园区内现有的林下土地资源和林荫优势,结合中药材品种的生长特性,发挥空间优势,加快构建林下中药材种植、健康旅游立体复合生产经营模式,实现林下中药材种植规模化、规范化,健康旅游业同步发展。胜坨镇尚庄村田园综合体项目通过林下道地药材的规模化种植,建设集中药材的观赏、科普、休闲、养生、餐饮于一体的药香村、五行养生岛、药食同源康养区等多类型项目,打造林下中药材健康旅游示范区。

(二)健康养老特色小镇

发挥中医药产业特色优势,结合健康养老等综合服务,拓展生态旅游、文化休闲等体验活动，以医养结合为开发理念，充分发挥尚庄村自然、地理、经济和区位优势，大力弘扬齐鲁孝文化，以"一环一心两带两园"为主体发展结构，形成六大片区的系统功能发展布局，为老年人安享晚年提供优越的养老环境，并重点对接黑龙江、海南春秋两季的养生养老市场空缺，加快全镇养生养老产业转型升级，打造健康养生养老特色小镇。

三、发展目标

2017—2018 年，园区基本实现空间布局合理、产业优化发展、市场目标明确、生态环境安全、人与自然和谐的阶段性目标，基础设施和园区绿化建设完成。

2018—2019 年，园区休闲观光、中药材养生养老相关项目建设完毕，植被覆盖达到 70%，年接待国内外游客 15 万人次以上，旅游综合收入 1 500万元人民币。

2019—2020 年，所有片区全部建成，高端养生养老和休闲娱乐项目成熟，旅游品牌树立，基本建成环境优美、旅游服务内容丰富的田园综合体，经济效益显著，预计年接待国内外游客 30 万人次以上，年经济收入超过3 000万元人民币。

到 2020 年，探索出一条集高附加值、高效益、理念新、模式新、产品新于一体的中医药产业与养生养老业融合发展道路，园区各项产业与农民收入大幅增加。

基于园区中药材及养生养老产业的快速发展，为适应不断增长的养生养老市场需求，需扩大园区的规划面积，将孙家庄作为尚庄村田园综合体的二期规划用地，进一步完善园区功能，辐射带动孙家庄经济发展，推动胜坨镇、垦利区乃至整个东营市中医药产业及中医药产业链创新发展。

四、实施阶段

为实现尚庄村田园综合体规划的目标，建设项目经过统筹规划、进行分期实施、逐步完善。在确保生态功能稳定的前提下，对园区内资源进行综合利用。此规划建设项目经 3 年完成建设，分 3 期分步建设。

一期建设：起止时间为 2017—2018 年，建设农业生产项目、园区服务中心部分项目，水、电、路、管网等基础设施及绿化。

二期建设：起止时间为 2018—2019 年，建设并完善其他相关项目。

三期建设：起止时间为 2019—2020 年，完成园区内规划工程全部建设项目。

第四节　总体布局与功能分区

一、总体布局思路

充分研究园区现状地形条件并综合考虑对景观生态的保护，以林下经济和养生养老产业为主线，确定以中药材种植、养生养老服务为建设发展的主要内容，结合六大功能分区形成"一环、一心、两带、两园"的规划布局结构。在规划园区，既能欣赏到林下种植的农业生产景观，又能感受到滨水景观带的优美风景，同时体验休闲养生旅游项目的舒适。在具体布局结构中，以林下中药材种殖、展示示范为核心，以健康休闲养生养老园打造为特色，通过园区服务中心区的优良配套，打造胜坨镇尚庄村田园综合体，形成总体布局合理、功能分区明晰的整体格局，拉动园区林下经济和养生养老产业发展。

二、总体布局

根据规划区的产业基础和资源分布情况，以生态保护为前提，遵循因地制宜、科技应用、市场导向、产业联动等原则，按照土地资源供给与需求平衡要求，规划园区的空间结构为："一环、一心、两带、两园"（图 4-1）。

"一环"——滨水景观环；

"一心"——健康养老产业发展核心；

"两带"——林下经济发展带和观光旅游景观带；

"两园"——林下经济一三产联动示范园和现代农业示范园。

三、功能分区

园区规划根据总体布局和产业特点，其功能分区共分为 6 个模块：综合服务养老社区、林下粮食标准化种植示范区、林下中药材健康养老体验区、林下花草休闲养生互动区、游船亲水区、现代农业复垦区（图 4-2）。

各功能分区具体如下。

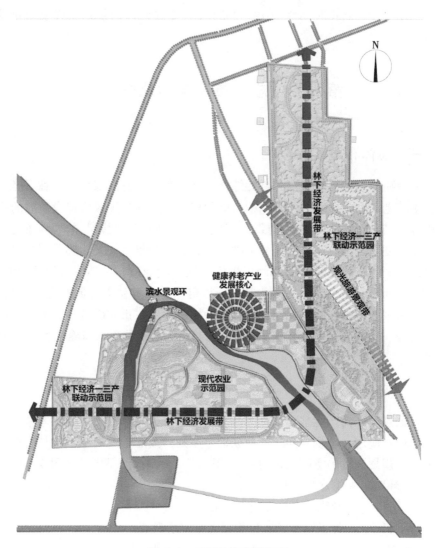

图 4-1 规划总体空间布局

（一）综合服务养老社区

该区占地面积为 113.51 亩。位于园区的中部。主要建设有养老公寓、合居养老四合院、综合办公楼、原产地农产品展贸市场、生活配套服务中心、食醋古法酿造体验作坊、啤酒酿造体验作坊、养生药酒体验作坊、养生茶 DIY 作坊。

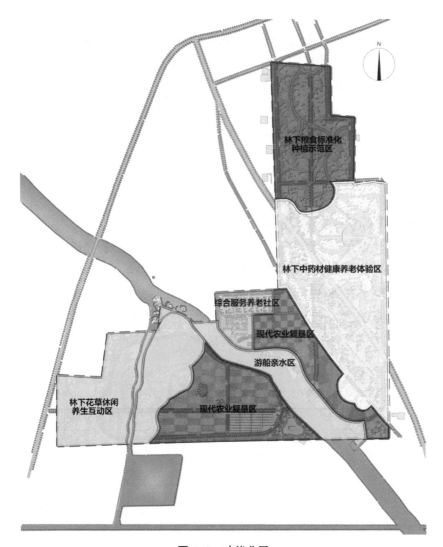

图 4-2　功能分区

（二）林下粮食标准化种植示范区

该区占地面积为 805.90 亩。位于园区的北部。主要规划用于林下粮食标准化种植示范。

（三）林下中药材健康养老体验区

该区占地面积为 1 591.02 亩。位于园区的中东部，主要建设有林下中药材标准化种植基地、中药材试验示范种植基地、林下禽药立体养殖区、芳香药用植物园、药食同源康养区、药草养生木屋区、认养小菜园、中药材加工炮制体验馆、大健康体检中心、小小药农休闲游憩区、药膳生态餐厅。

（四）林下花草休闲养生互动区

该区占地面积为 967.49 亩。位于园区的西部。主要为林下休闲项目，包括林下花草标准化种植基地、苗木种植繁育区、休闲采摘园、游客服务中心、停车场、芳香植物香氛区、药草香氛区（婚庆聚会草坪区）、芳香植物手工作坊、减压养生会所、八卦养生运动基地、青少年中医文化科普教育基地、养生小影院、林下生态餐厅。

（五）游船亲水区

该区占地面积为 467.57 亩。贯穿园区的西南部。主要建设有五行养生岛、亲水平台、养生垂钓台以及汇东养生养老会所。

（六）现代农业复垦区

该区占地面积为 1 214.2 亩。主要建设有休闲余热菜园、粮食标准化种植基地、温室蔬菜种植区、露地蔬菜标准种植区、观景台以及河畔茶庄（表4-1）。

表 4-1　功能分区规模

序　号	项目名称	占地面积（亩）
1	综合服务养老社区	113.51
1.1	养老公寓	0.96
1.2	合居养老四合院	100
1.3	综合办公楼	2.7
1.4	原产地农产品展贸市场	4.37
1.5	生活配套服务中心	3.58
1.6	食醋古法体验作坊	0.47
1.7	啤酒古法酿造体验作坊	0.47
1.8	养生药酒古法体验作坊	0.58
1.9	养生茶 DIY 作坊	0.38
2	林下粮食标准化种植示范区	805.90
2.1	林下粮食标准化种植示范区	805.90
3	林下中药材健康养老体验区	1 591.02

（续表）

序　号	项目名称	占地面积（亩）
3.1	林下中药材标准化种植基地	449.23
3.2	中药材试验示范种植基地	286.42
3.3	林下禽药立体养殖区	229.65
3.4	芳香药用植物园	468.76
3.5	药食同源康养区	1.92
3.6	药草养生木屋区	1.8
3.7	认养小菜园	47.3
3.8	中药材加工炮制体验馆	10.38
3.9	大健康体检中心	1.92
3.10	小小药农休闲游憩区	91.76
3.11	药膳生态餐厅	1.88
4	林下花草休闲养生互动区	967.49
4.1	林下花草标准化种植基地	215.63
4.2	苗木种植繁育区	575.42
4.3	休闲采摘园	46.66
4.4	游客服务中心	0.56
4.5	停车场	11.25
4.6	芳香植物香氛区	22.21
4.7	药草香氛区（婚庆聚会草坪区）	11.65
4.8	芳香植物手工作坊	4.5
4.9	减压养生会所	3.55
4.10	八卦养生运动基地	43.11
4.11	青少年中医文化科普教育基地	27.66
4.12	养生小影院	1.88
4.13	林下生态餐厅	3.41
5	游船亲水区	467.57
5.1	五行养生岛	31.51
5.2	亲水平台	5.68
5.3	养生垂钓台	1.88
6	现代农业复垦区	1 214.2
6.1	休闲余热菜园	243.41
6.2	粮食标准化种植基地	506.12

（续表）

序　号	项目名称	占地面积（亩）
6.3	温室蔬菜种植区	90.35
6.4	露地蔬菜标准种植区	372.23
6.5	观景台	0.30
6.6	河畔茶庄	1.79
总计		5 159.69

第五节　分区建设规划

一、综合服务养老社区

（一）发展思路

该板块是园区中提供养老和综合性服务的核心区域，养老公寓和养老四合院为老人休闲养生养老提供舒适的环境，综合服务区主要提供对外休闲旅游服务接待，以接待休闲度假游客为主，为游客提供咨询、餐饮、娱乐等多种服务。原产地农产品展贸市场，以收集各省市地方特色农产品为主，为产品提供展示和销售的平台和渠道。园区的休闲项目均可为养老社区配套使用，打破传统的养老模式，发展田园养老、合居养老、医药结合养老新模式，最终打造成为一个综合性的功能齐全的养老服务社区。

（二）规模与地点

该区占地面积为 113.51 亩。位于园区的中部。主要建设有养老公寓、合居养老四合院、综合办公楼、原产地农产品展贸市场等 9 个小功能区。

（三）建设模式

1. 养老公寓

该区域占地面积 0.96 亩。主要建设老人养老公寓，公寓外建设亭台长廊、鲜花绿地及老人健身场地，公寓内室内装修幽雅温馨，生活设施一应俱全。设有单人间、双人间、3 人间及一室一厅等多种户型。公寓内还设有老人活动区域包括多媒体厅（影视、卡拉 OK）、棋牌室、阅览室、手工制作区、书法绘画区等，帮助老人们休闲养老，喜乐度晚年（图 4-3）。

图 4-3 养老公寓

2. 合居养老四合院

该区域占地面积 100 亩，以中国最具乡土风情的四合院为建筑形式，平房的住宅结构给身体条件限制的老人带来便利，合居的养老模式产生一种凝聚力与和谐气氛，给老年人带来安全感和归属感。同时，为空巢独居老人提供服务，改变独居老人的孤独和抑郁，提高和改善他们的生活质量和精神生活。四合院宽阔的空间和相对宽敞的居住条件，可以为探望的亲友提供住宿，让老人在寒暑假、节假日享受天伦之乐。

3. 综合办公楼

该区域占地面积 2.70 亩。是整个园区内部办公和后勤保障的主要职能部门，承载着核心区的服务和基础设施维护等多项任务。主要由园区管理者使用，并为游客提供管理性服务。内部包括办公室、会议室等公共设施服务，配备配套业务办公、商务出租办公、招商办公、复印中心等。

4. 原产地农产品展贸市场

该区域占地面积 4.37 亩。以地理标志保护产品为主体进行原产地农产品的展示、体验、交易。把握当前农业发展趋势，发展各省市特色农产品馆、中草药成品、原产地品牌药食材产品展会。

5. 生活配套服务中心

该区域占地面积 3.58 亩。主要建设游客服务中心、生活配套服务中心、办公区。为养老院内居住的老人和园区工作人员提供生活便捷配套服务，包括公益图书馆、咖啡馆、洗衣房便利店等。

6. 食醋古法酿造体验作坊

该区域占地面积 0.47 亩。用作食醋古法酿造体验作坊，主要向游客展示山东传统品牌食醋的制作流程，如欣和的醯官原浆醋、通德的黑米枸杞醋等，感受历史悠久的食醋文化，游客可参与到食醋的古法制作过程当中，并品尝不同老字号食醋的独特风味。

7. 啤酒酿造体验作坊

该区域占地面积 0.47 亩。用作啤酒酿造体验作坊，让游客品尝不同国家地区的啤酒产品，包括德国黑啤、荷兰风车啤酒以及山东当地的青岛啤酒、崂山啤酒等，感受它们各不相同的丰富口感，参与到啤酒的具体酿造过程中，找到独特风味的成因，了解啤酒生产的核心原料，根据个人喜好酿造出一款属于自己的啤酒产品。

8. 养生药酒体验作坊

该区域占地面积 0.58 亩。用作养生药酒体验作坊，让游客在了解养生药酒制作原理的同时，根据不同药材的养生功效设计不同的搭配，最终制作成能够发挥中药材独特疗效的药酒产品，养生的同时体验手工酿造的乐趣。

9. 养生茶 DIY 作坊

该区域占地面积 0.38 亩。用作养生茶 DIY 作坊，主要向游客科普养生茶的由来及一些常见的品种如葛根茶、百合花茶、杜仲茶、荷叶茶等，让游客在了解这些养生茶功效的同时，选择功效相近的果干作为辅料，进行 DIY 茶包制作，提升养生茶的口感。

二、林下粮食标准化种植示范区

（一）发展思路

该区充分利用林下土地资源，在林下种植小麦、棉花、大豆、绿豆等粮食品种，在优化品种结构、改善技术装备的基础上，突出标准化优质林粮生产基地建设，推广林下粮食种植高新技术、提高产品科技含量，为基地和周边粮农提供物资技术服务，实现粮食专业化、基地化生产，建立良好的生产经营服务体系，促进胜坨镇粮食种植产业提档升级。

（二）规模与地点

该区占地面积 805.90 亩，位于园区的北部。主要规划用于林下粮食标准化种植。

（三）建设模式

该区域占地面积 805.90 亩，综合利用林下土地资源，引进适宜在林下种植的优质标准化林粮新品种，如小麦、棉花、大豆、绿豆等，加强高标准林粮种植基地的建设，推广林下粮食种植高新技术、提高产品科技含量。

三、林下中药材健康养老体验区

（一）发展思路

该板块利用先进的科学技术和培育方法进行中药材标准化种植，围绕中药材建设健康养生木屋和餐厅，开展药膳养生、中草药文化节等活动，进行养生文化传播和服务体验，并配套有大健康体验中心，最终以林下中药材、禽药种植为基础，以健康养生体验为载体，以养生文化展示为媒介，建设集生产、养生、休闲于一体的林下中药材健康养老体验区。

（二）规模与地点

该区占地面积为 1 591.02 亩。位于园区的东部，主要建设有林下中药材标准化种植基地、中药材试验示范种植基地、林下禽药立体养殖区等 11 个小功能分区。

（三）建设模式

1. 林下中药材标准化种植基地

该区域占地面积 449.23 亩。主要利用林下空间进行多层次的立体种植，施行以短养长、长短结合、综合利用的新技术措施。利用林间的自然环境，根据药材的生长习性，套种喜湿耐阴、荫蔽惧晒的草本、灌木类药材，主要种植的中药材品种有罗布麻、板蓝根、金银花等。

2. 中药材试验示范种植基地

该区域占地面积 286.42 亩。中药材试验示范主要包括新品种引进示范和栽培管理技术示范，通过新品种高产示范栽培，以优质优价提高园区中药材种植效益，并实施轻简节本栽培配套技术，进行对比试验，运用测土配方施肥技术，提高中药材产出率。

3. 林下禽药立体养殖区

该区域占地面积 229.65 亩。利用丰富的林下资源发展禽药养殖业，建设林下禽药立体养殖区，利用林中草、虫作为鸡的饲料，鸡粪作为树的肥料，走循环发展之路，增加农民收入。

4. 芳香药用植物园

该区域占地面积 468.76 亩。植物园通过种植桂花、菊花、丁香、茉莉等芳香药用植物，净化园区空气，改善游客心境和情绪，给植物园带来独特的韵味和意境。并在芳香药用植物上悬挂科普铭牌，促使人们在欣赏优美景观、品尝迷人芳香的同时，接受芳香药用植物方面的科普教育。

5. 药食同源康养区

该区域占地面积 1.92 亩。药食同源是指将中药的"四性""五味"理论运用到食物之中，认为每种食物也具有"四性""五味"，该区秉承中国传统养生文化，以"药食两用"的养生理念，倡导以五谷杂粮、养生茶、粥、汤料为主的饮食结构。通过食物让游客达到调理身体，强壮体魄的目的。

6. 药草养生木屋

该区域占地面积 1.80 亩。主要建设药草养生木屋，向游客介绍园区种植的中草药品种以及常见的道地中药材品种包括宁夏回族自治区的枸杞、甘肃省的当归、四川省的黄连、附子等。不同位置的木屋展示不同中草药功效及其使用方法，在传播药草养生文化的同时为游客提供休憩静心的场所，木屋内放置药草香氛令游客放松身心，同时，提供养生茶和养生药酒供游客品尝。

7. 认养小菜园

该区域占地面积 47.30 亩。建设认养小菜园，儿童和青少年可以申请成为农场主，指挥和管理菜园内的生产、采摘等事务，体验小小农场主、小小菜农的乐趣，同时，给家长和孩子一个共同耕作、共同劳动的场所，增进亲子关系。

8. 中药材加工炮制体验馆

该区占地面积 10.38 亩。主要建设中药材加工炮制体验馆，通过向游客介绍中医药理论和常用的中药材炮制方法，如炒制、清炒、麸炒、土炒等，让游客可以依照辨证施治用药的需要和药物自身性质以及调剂、制剂的不同要求，选择不同的炮制方法进行中药材加工炮制体验。

9. 大健康体检中心

该区域占地面积 1.92 亩。大健康体检中心在西医临床体检的基础上，结合中华医学的精髓，集中医体质辨识、调理处方、西医检查和风险预警等有效的个性化健康管理手法，判断体质状况与健康情况，为园区居住在养老院的老人制定个性化的养生调理方案，并运用园区内的中药材品种及外来引进的道地中药材，有针对性地进行体检后的健康管理。

10. 小小药农休闲游憩区

该区占地面积 91.76 亩。主要为参与种植、采摘林下中药材的儿童和青少年建设休闲游憩区，园区内设置相应的中药材休闲项目以满足游客休闲游憩的需求，包括养生茶袋手工制作、中药材植物 DIY 小盆景等，让青少年游客充分体验小小药农和手工制作的乐趣。

11. 药膳生态餐厅

该区域占地面积 1.88 亩。餐厅以珍奇果树、多彩花卉、特色蔬菜为造景元素，展现绿色、优美、宜人的就餐环境的同时，秉持药食同源的理念，在食物烹饪过程中合理搭配使用园区种植的中药材以及外来引进的道地中药材品种，如具有明目功效的宁夏回族自治区的枸杞子、可用作健康调味品的甘肃省的当归以及吉林省的人参等，在保证食物健康安全的同时，起到养生滋补的功效。

四、林下花草休闲养生互动区

（一）发展思路

以突出休闲养生、田园风光、娱乐互动为前提，围绕林农生产过程，农民劳动生活和农村风情风貌，大力培育特色林下休闲农业产业，着力发展林农娱乐休闲文化、养生文化、饮食文化等，形成鲜明主题，打造高人气、高品质、高附加值、高市场竞争力的林下花草休闲养生项目和产品，对接垦利内外旅游产业的龙头企业，着力构建融入垦利区的旅游产业体系，实现旅游产业的跨越式发展。

（二）规模与地点

该区占地面积为 967.49 亩。位于园区的西部。主要为林下休闲项目，包括林下花草标准化种植基地、苗木种植繁育区、休闲采摘园等 12 个小功能分区。

（三）建设模式

1. 林下花草标准化种植基地

该区域占地面积 215.63 亩。在郁密度 80% 以下的林地种植不同种类的花草、优质牧草和园林绿化草坪，种植品种可选择杜鹃、紫花苜蓿、薄荷等，树木的生长对花草的影响不大，种植技术易于掌握，市场前景良好。

2. 苗木种植繁育区

该区域占地面积 575.42 亩。该区加大水、电、路等基础设施建设，提高制种产量，完善苗木原种、良种扩繁能力，不断提高专用品种的覆盖率和更新换代能力，形成科学配套的良种育繁体系，建设成基础设施好、规模适度、土质肥沃、隔离条件好，有充足的水源和灌溉设施的苗木良种繁育园区。

3. 休闲采摘园

该区占地面积 46.66 亩。依托苹果、樱桃、葡萄等胜坨镇特色林果种植，建设休闲采摘园，在满足游客休闲采摘，品尝绿色果蔬需求的同时，增加林木的观赏性、色彩的丰富性和层次感，优化园区环境，增添园区疗养与度假的功能。

4. 游客服务中心

该区域占地面积 0.56 亩。是为游客提供信息、咨询、旅程安排、讲解、教育、休息等旅游设施和服务功能的专门场所，设置相关的设施设备（如触摸屏、引导标志、游览宣教材料、旅游区情况展示、导游解说系统、咨询投诉服务中心、紧急救援体系等）。同时，可出租情侣自行车、儿童自行车及普通自行车等设备以方便游人到周边的旅游景点游玩。

5. 停车场

该区域占地面积 11.25 亩。建设具备环保、低碳功能的停车场，为游客提供高绿化、高承载、透水性能好、绿地面积大的生态停车场。

6. 芳香植物香氛区

该区域占地面积 22.21 亩，以芳香植物种植为主，配合大面积的花海、花卉种植资源，以各色花卉为原材料，让游客参与芳香创意手工活动，主要设置有花水蒸馏体验、香包制作、香水制作体验等，吸引女性游客，同时，还售卖各类芳香成品，提供参与体验购物等多种服务。

7. 芳香香氛区（婚庆聚会草坪区）

该区域占地面积 11.65 亩，以芳香花海为依托，在兼具生产功能的同时，为尚庄村及周边地区的结婚一族提供婚纱摄影、草坪梦幻婚礼的集合区，为当下结婚的新人打造各色新式婚礼。举行典礼的区域预留充足的草坪、典礼台、背景幕周边种植大量的花卉形成梦幻的花海，花海内点缀婚纱摄影所需的景观小品，满足年轻一代求新求异，寻求浪漫的婚庆需求。

8. 芳香植物手工作坊

该区域占地面积 4.5 亩。在手工作坊中，游客可以按照自己的喜好挑选芳香植物，在了解芳香植物特性的同时，学习使用芳香植物制作手工皂、护唇膏、芳香精油和护肤品等，吸引女性游客，感受芳香植物的美妙味道，轻松好玩的作出属于自己的芳香植物手工产品。

9. 减压养生会所

该区域占地面积 3.55 亩，会所通过将听觉（疗效音乐）、味觉（健康花草茶）、触觉（保健按摩）、嗅觉（芳香疗法）、视觉（色彩疗法）等五种情景融为一体，运用现代芳香疗法的天然淳美和舒适专业的养生疗程，使游客的身心得到全方位的放松与润泽，忘记生活和工作带来的疲惫和压力。

10. 八卦养生运动基地

该区域占地面积 43.11 亩。依据八卦养生的理念，建设八卦图阵样式的全民养生运动基地，设置各种运动设施，包括健康鹅卵石步道、运动健身器械、乒乓球、老年门球以及太极健身区、广场舞区等，引领八卦养生运动热潮。

11. 青少年中医文化科普教育基地

该区域占地面积 27.66 亩，结合园区的中药材种植和中医药养生文化，为东营市青少年、中小学学校及寒暑假冬令营、夏令营提供中医科普教育基地。为学生展示不同的中药材品种及产品的生产过程，体验农耕文化、参与休闲采摘等项目，在促进新一代青少年对我国传统中医文化及现代农业认知的同时，体会农业农村生活。

12. 养生小影院

该区域占地面积 1.88 亩，主要打造独具特色的养生小影院，营造一种富有大自然气息的观影氛围，影院内主要放映中医药养生养老科普影片和纪录片，向游客传播中国传统的养生养老理念，并设置 4D 立体观影效果，便于游客更好的感受影片的仿真效果。

13. 林下生态餐厅

该区域占地面积 3.41 亩。餐厅分为室内外两部分，夏天可以在树林的绿阴遮蔽下就餐，冬天可以进入异形温室内就餐，以林业景观为造景元素，形成立体全方位绿色、优美、宜人的就餐环境，餐厅食材使用园区自产的果蔬农产品，打造安全、生态、健康的就餐体验。

五、游船亲水区

（一）发展思路

该板块充分利用广利河的水利资源优势，基于现有的水体进行改造，连接广利河段和内渠，形成滨水景观带，吸引家庭亲子、机关团体拓展等主要人群乘船游玩。设置亲水平台和垂钓台，使游客享受原生态环境的恬静、惬意和垂钓的乐趣；在区域西部规划五行养生岛，以五行养生为主题，在岛上设置内容丰富的旅游项目，传播传统养生文化的同时，打造集趣味、娱乐、休闲于一体的亲水游憩场所。

（二）规模与地点

该区占地面积为 467.57 亩。贯穿园区的西南部。其中五行养生岛位于该区域的西部，广利河的上游，亲水平台和养生垂钓台位于区域东部，广利河下游。

（三）建设模式

1. 五行养生岛

该区域占地面积 31.51 亩，位于广利河与水渠的交汇处，根据五行养生天人相应的理论，将五行养生岛划分为金木水火土 5 个不同的主题养生度假小岛，根据每个岛的不同寓意，建设相应的养生项目，包括养生餐厅、观景平台、五行药膳小木屋等，吸引游客上岛参观体验。

2. 亲水平台

该区域占地面积 5.68 亩，规划建设中将通过清淤、景观设施建设的方式提升美化河岸，提高滨水景观的观赏性，在水道沿途设置亲水平台，包括景观浮桥、水上步道、观景走廊等，游客可通过亲水平台观赏河道中的水生植物花卉，行走在波光粼粼的水面，欣赏沿岸秀丽的风光美景。

3. 养生垂钓台

该区域占地面积 1.88 亩，为游客提供休闲垂钓场所，主要吸引老年游客，并对接养老公寓和四合院的老人们，为其提供休闲养生的好去处。垂钓台周边通过景观设施建设的方式，美化河岸风景，营造安静的垂钓氛围。

4. 汇东养生养老会所

该区域占地面积 23.53 亩，主要用于建设汇东高端养生养老会所，为胜坨镇有休闲养生需求的客户以及黑龙江、海南春秋两季的养生养老市场，提供高端会所服务，主要服务项目包括水疗、禅茶品鉴、香道催眠、花道艺术欣赏、瑜伽静心减压等。

六、现代农业复垦区

（一）发展思路

该板块属于农业复垦区域。土地复垦后主要用于林下食用菌及其他农作物的标准化种植基地，围绕标准化种植过程，达到土地还农的目的，带来一定的经济与生态效益，力争成为尚庄村现代高效农业的样本区域。

（二）规模与地点

该区占地面积为 1 214.20 亩，位于园区的南部，广利河以西主要为粮食标准化种植基地、温室蔬菜种植区和河畔茶庄，广利河以东为休闲余热菜园、露地蔬菜标准种植区及观景台。

（三）建设模式

1. 休闲余热菜园

该区域占地面积 243.41 亩，依托园区内的养老公寓和合居四合院，满足退休老人渴望二次就业的需求，给惯于农事劳作的老人提供田园耕作的场所，丰富老年生活的同时，吃到自己亲手种植采摘的健康蔬菜，回归自然，享受自然。

2. 粮食标准化种植基地

该区域占地面积 506.12 亩。引进优质标准化杂粮新品种，包括野大豆、黄豆、绿豆等。利用当地资源、交通优势，改善粮食生产条件，加强高标准粮食种植基地的建设，为基地和周边粮农提供物资技术服务，推广粮食种植高新技术、提高产品科技含量。实现粮食专业化、基地化生产，建立良好的生产经营服务体系，促进粮食种植产业提档升级。

3. 温室蔬菜种植区

该区域占地面积 90.35 亩，主要建设日光温室，种植各种蔬菜，选用高效节能日光温室，透光材料选择阳光板，可延长下午的光照时间，利于晚上保温。利用设施内温湿度控制、先进的灌溉方式、优质的种苗和优新品种及先进的栽培管理技术，实现绿色蔬菜周年优质生产。

4. 露地蔬菜标准种植区

该区域占地面积 372.23 亩。以露地蔬菜种植为重点，不断提高标准化生产水平，健全科技服务体系，在蔬菜生产中推广精准化耕作，标准化栽培，绿色防控和质量追溯等技术，推广蔬菜良种，实现露地蔬菜精细化规模化生产。

5. 观景台

该区域占地面积 0.30 亩。为了给游客提供良好的观景视角，在考虑观景环境安全和可行的前提下建设观景台，用于欣赏广利河畔的优美风光和园区的秀丽景色。

6. 河畔茶庄

该区域占地面积 1.79 亩，位于广利河河畔，茶庄整体采用明清风格装饰，突显茶庄古朴的历史厚重感和鲜明的民族特色，让游客在品尝茶叶的独特清香中领略当地的茶文化。茶庄经营品种有花茶、绿茶、红茶、白茶、黑茶、黄茶、乌龙茶等七大类、200 余种。

第六节　基础设施工程

一、道路系统工程

（一）规划依据

据园区内现有地形、水文、风向等具体情况进行具体分析，结合现有道路和规划中的道路，设计道路系统时坚持以下原则。

1. 安全性原则

安全性是道路规划考虑的首要要素，注意道路景观设计中的安全视距，行道树与道路要有足够的净空，分车道要考虑到防眩栽植，主标志和辅助标志等要清晰醒目。

2. 便捷性原则

充分利用现有道路和周边规划道路，考虑节约经济原则，尽量减少动土量，保护基本农田格局，完善区内交通基础设施，加强园区各功能分区交通联系，并对人流、物流进行有序疏导，在内部道路与过境公路之间设置快速交通走廊，使过境交通与园区密切配合，从而完善园区与周边地区的交通联系。

3. 生态性原则

加强植被恢复和全面绿化，建设良好的公路生态系统，在园区道路设计时，以生态学原则为指导，以生态环境和自然条件为取向，达到综合遮阴、降尘、降噪等效果，既能获得社会经济效益，又能促进生态环境保护的边缘性生态工程和建造形式，营造"脚下是路、周围是景"的行车环境，既给行者带来美的感受，又维护了自然生态系统的平衡。

4. 中远期原则

园区道路应坚持"服务近期建设，适应中期发展，衔接远期规划"原则，一方面梳理园区内及周边交通形成通畅的联系网络；另一方面道路要与景观结合，巧妙穿过自然风景，保护好最好的自然景色。

（二）出入口设计

主入口 1 个，次要出入口 2 个，位于园区的西部和北部。

（三）主次干道

区域内规划道路等级分为主干道、次干道、园区支路 3 级。

1. 主干道

规划宽度 9m 的道路做主干道，可使车辆更加便捷的通达各个分区，主干道路面采用沥青硬化处理，两侧种植行道树，主干道两侧建设绿化景观带。

2. 次干道

道路宽度 7m，是园区内部各分区联系的主要道路。

3. 园区支路

道路宽度 3m，根据其用途（机耕、旅游、观光）加以规划设计，可依据实际情况适当的收缩或者放宽宽度，路面（沥青、碎石、石板）采用硬化道路。园区支路是园区内乘坐电瓶车游览的主体，并可用于园区内的消防通道。路面铺装可以选用花岗岩、青石板、混凝土砖、透水砖等材料，色彩宜以浅灰、中灰为主色调，间以暗红、浅黄等颜色。

（四）停车场

规划设计的停车场位于入口南侧。规划园区内外来机动车停在入口南侧主停车场处，游客可换乘电瓶车或步行进入园区进行游览、观光活动。停车场宜采用嵌草式铺装，场地边缘适当种植高大乔木，在不影响场地停车的前提下最大限度地增加绿量，凸显生态园区的特点。嵌草式铺装有利于雨水下渗，进而补充地下水，与生态园区的规划理念相得益彰。

二、景观系统工程

（一）景观基质

运用各类绿地构建产业区景观基质，各种绿色基质相互穿插。自然生态的基底，将与城市景观基质形成鲜明对比。

（二）景观廊道

利用产业区主干道构建景观廊道，形成代表现代、科技景观特色的生态景观走廊。

（三）景观轴线

产业区设计 1 条主要景观轴线和 3 条次要景观轴线。主要景观轴线为园区核心发展驱动轴，3 条次要景观轴线由滨水景观环和园区道路现状发展派生出来，主要体现园区核心发展驱动轴线内的功能细分。

（四）景观节点

园区规划设计 5 个主要景观节点和 18 个次要景观节点，主要景观节点为林下休闲互动体验景观节点、游船亲水景观节点、五行养生岛景观节点以及现代农业复垦区景观节点。

三、农田水利工程

（一）规划依据

（1）《农田灌溉水质标准》（GB 5084）。

（2）《灌溉与排水工程设计规范》（GB 50288—1999）。

（3）《水利工程水利计算规范》（SL 104—1995）。

（4）《水土保持综合治理规划通则》（GB/T 15772—1995）。

（5）《中国主要农作物需水量与灌溉》（水利电力出版社 1995 年出版）。

（二）水利现状分析

规划区内供水水源为地下水、河水。

（三）水资源供需平衡与分析

规划面积为 5 159.69 亩，其中，露地种植面积约 4 176.15 亩。

根据《中国主要农作物需水量与灌溉》（水利电力出版社 1995 年出版），园区水资源供需平衡与分析，见表 4-2。

表 4-2　园区水资源供需平衡与分析

指　标	数　值
面积（亩）	4 176.15
单位面积需水量（m³）	450.00
年需水量（万 m³）	187.93

园区内年总需水量为 187.93 万 m³。

（四）农田节水灌溉工程规划

在园区大力普及节水灌溉，提高水资源利用率，同时，降低产业成本，因此，根据不同的种植作物和地形现状，针对性地提出各种节水灌溉方法。

1. 灌溉方式

在农产品种植区灌溉方式采用喷灌、滴灌等现代节水灌溉新技术和水肥一体化技术，实现增产增收；在面积较小的苗圃、试验品种种植区可以适当的发展喷灌，应根据实际情况选择固定管道式喷灌、滚移式喷灌等合适的喷灌种类，达到节水又增收的目的。

2. 水源

园区内灌溉用水取自地下水和广利河。

3. 管材

在满足园区中药材、食用菌、蔬菜粮食等农作物对水流量及水头的前提下，干管和支管拟选用聚氯乙烯塑料管（PVC），支管间距为 100m，支管上给水栓间距为 35m，地面管道拟选用消防涂塑软管。

4. 管径估算

采用干管流量 $Q = 40\text{m}^3/\text{h}$，采用 PVC 管道，其经济流速取 $v = 1.3\text{m/s}$（水利部农村水利司，1998），则管径 $d_{干}$ 可按下式估算：

$$d_{干} = 2\sqrt{\frac{Q}{\pi v}} = 2\sqrt{\frac{40/3\,600}{3.14 \times 1.3}} \approx 0.104 \text{ m}$$

按 PVC 管规格，选用 Φ110mmPVC 管，公称压力为 0.6MPa。

每条支管的流量按 $Q = 5.0\text{m}^3/\text{h}$ 考虑，采用 PVC 管道，取经济流速 $v = 1.0\text{m/s}$，则支管管径 $d_{支}$ 按下式估算：

$$d_支 = 2\sqrt{\frac{Q}{\pi v}} = 2\sqrt{\frac{5/3\,600}{3.14 \times 1.0}} \approx 0.042 \text{ m}$$

按 PVC 管道规格，采用 Φ50mmPVC 管，公称压力 0.6Mpa。

5. 管网布置

依据园区内地形地势条件和农业灌溉水量需求，在原有农业水利基础上，规划 3 个取水口以满足施园区生产用水。

6. 水肥高效一体化系统

水肥一体化技术是将灌溉与施肥融为一体的农业新技术。水肥一体化是借助压力灌溉系统，将可溶性固体肥料或液体肥料配兑而成的肥液与灌溉水一起，均匀、准确地输送到作物根部土壤。

在露天条件下，微灌施肥与大水漫灌相比，节水率达 50% 左右。保护地栽培条件下，滴灌施肥与畦灌相比，每亩一季节水 80~120m³，节水率为 30%~40%。水肥一体化技术实现了平衡施肥和集中施肥，减少了肥料挥发和流失，以及养分过剩造成的损失，具有施肥简便、供肥及时、作物易于吸收、提高肥料利用率等优点。在作物产量相近或相同的情况下，水肥一体化与传统技术施肥相比节省化肥 40%~50%。水肥一体化技术可促进作物产量提高和产品质量的改善，果园一般增产 15%~24%，设施栽培增产 17%~28%。

四、给排水工程

（一）设计依据

（1）《农村给水设计规范》。

（2）《室外给水设计规范》（GB 50013—2006）。

（3）《室外排水设计规范》（GB 50014—2006）。

（4）《建筑设计防火规范》（GBJ 16—87）。

（5）《建筑给排水设计规范》（GB 50015—2003）。

（6）《城市居民生活用水量标准》（GB 50331—2002）。

（二）设计范围

园区内的综合养老服务社区、园区服务中心。包括给水设备配置、整体管网布置以及日常生活用水等。

（三）规划原则

以系统化思想为指导原则，对园区内给水管网系统布置进行经济、安全的规划，同时，综合考虑园内近期重点建设项目和长远发展蓝图，既满足近期设计施工要求，又为中远期发展规划留有一定弹性，便于分期设计和实施以适应将来园区的发展变化。

（四）给水工程规划

1. 水源地选取

核心区给水水源，接垦利区给水管网。

2. 给水量计算

本次核心区用水量预测采取用地指标法，具体见表4-3。

表4-3　用水量预测

用地代码	单位用水指标（m³/hm²·d)）	用水量（m³/d）
R	110	647.9
A	51	40.8
B	50	129
S	20	274.4
合计		1 092.1
未预见量	5%	54.61
总计		1 146.71

根据上表，预测规划园区建设用地用水量为1 146.71m³/d。

3. 给水系统规划

建供水压力大的高层建筑物设置增压水泵系统，建立核心区内部给水管网系统，集中调蓄给水系统。供水主管道敷设现状道路下，然后从现状道路的供水主干管引入分管，采用枝状布置供水到各用水建筑。室内给水管采用DN32入户，DN25的管连接各个用水房间。采用镀锌钢管，丝扣连接。

核心区生活生产用水均采用聚氯乙烯（PVC）供水。主管采用管径为Φ110，根据各建筑用水量支管采用Φ75。综合考虑供水的安全性、可实施性及经济合理性，输配水管线的位置应符合相关规定的要求，尽量沿规划道路和现有道路敷设，便于施工和维修；力求线路短，工程量小，管道根数及管理应满足规划期内用水要求。

（五）排水工程规划

1. 排水体制

根据国家排水体制的有关规定及本项目的具体情况，采用雨污分流体制，对生活污水进行集中排放，最终排入胜坨镇规划排水干管。雨水沿道路排水沟排放，最终排入广利河道。

2. 排水工程规划

（1）污水量计算。污水量按生活用水量的85%计算，则日最高生活污水排水量为974.70m³/d。

（2）管网规划。污水排放管道的布置，综合考虑用地布局、地形、地质条件、附近市政管网的布置、实施的可能性等因素。污水经排水沟最终排入胜坨镇市政污水管网。园区沿规划道路布置污水管线，采用DN300、DN200污水管道。雨水排水沟沿路布置，采用d400、d600沟渠。

3. 雨水工程规划

（1）雨水流量计算。

$$Q = \Psi x q x F$$

公式中，Q—雨水设计流量（L/s）；Ψ—径流系数，取0.70；q—设计暴雨强度 $[L/(s \cdot hm^2)]$；F—汇水面积（hm^2）。

雨水设计流量与汇水面积、径流系数成正比，减小汇水面积和径流系数可以有效减少雨水设计流量，从而减小雨水管渠的断面，节省工程造价。而汇水面积与排水分区有关，径流系数与排水范围内的地面性质有关。地面上植物生长和分布情况、建筑面积、道路路面性质等，对径流系数有很大影响。因此，应避免建设过多的不渗水表面，减少不必要的道路或广场铺装，提高植被覆盖率，尽量减小径流系数，以减小暴雨设计流量，降低工程造价。

（2）雨水管渠规划。尚庄村田园综合体主要为农业生产配套服务用地，规划采用雨水管，而其他区域规划采用雨水渠。

区内依据地形及排水管渠形式划分排水分区，收集的雨水部分可用作景观水，其余部分就近排入规划区内可接纳雨水区域，规划范围内雨水管渠沿道路布置。通过计算各地块的汇水面积，利用暴雨强度公式，得到雨水管道的设计流量，从而确定各管渠尺寸。

五、电力电讯工程

(一) 电力工程规划

1. 规划原则

(1) 必须与各项规划紧密配合、协调并同步实施。

(2) 必须在已有上级电网规划的基础上规划,配合区域电力调度和调整,根据园区内各负荷预算和电力平衡状况向上级电力部门提出电源点分布及供电需求,保证园区与上级电网的合理衔接。

(3) 园区内电力电源点分布应按照各功能区电力负荷预算进行布置,覆盖全园区范围。

2. 电力负荷预算

本负荷计算是采用单位面积负荷指标进行估算,具体见表4-4。

表4-4 电力工程负荷预算

用地代码	负荷率 (kW / hm^2)	负荷量 (kW)
R	100	589
A	300	240
B	300	774
S	20	274.4
合计		1 877.40
未预见量	5%	93.87
总计		1 971.27

根据表4-4,规划园区用电总计为1 971.27kW,系数取0.7,功率系数0.9。则变压总负荷约为1 241.90kVA。电压等级为:110kV、10kV、380/220V。配电方式:由变电所至用户的10kV电源,采用放射和环网相结合的方式。

3. 供电电源

现有110kV变电站一座,目前承担的主要负荷均为农村居民用电,因此,近期园区可利用现有线路进行供电,当园区内负荷增长较大,现有线路无力承载时,推荐从110kV变电站新建一条园区专线。

4. 供电线路

核心区规划建设 1 处 110/10kV 变电站，以满足园区内用电。核心区内供电负荷等级为 3 级，供电电压为 380/220V。配电室的供电采用树干式与放射式相结合的供电方式，接入配电线路设短路保护、过负载保护和接地故障保护。

5. 场地照明规划

在核心区 1 级、2 级主要道路两侧规划太阳能路灯、场地照明系统。在 1 级、2 级主要道路两侧布置单臂路灯，间隔 30~50m。照度要求：夜间 7.8lx。

（二）通讯工程规划

1. 电信用户预测

规划区内通讯需求，按表 4-5 估算。

表 4-5　通讯工程预测

用地代码	单位用地面积主线密度（线/hm²）	主线容量（线）
R	每户 2 部	784.55
A	50	40
B	50	129
S	10	137.2
合计		1 090.75
未预见量	5%	54.54
总计		1 145.29

根据上表，可得出规划区主线用线量为 1 145.29 线。

2. 规划原则

（1）线路应短直，少穿越道路，便于施工及维护。

（2）线路应避开易使线路损伤的区域。

（3）减少与其他线路等障碍的交叉跨越。

（4）避开有线电视、有线广播系统无关的区域。

（5）选择地上及地下障碍最少，施工方便的道路进行铺设。

3. 弱电中心设置

园区规划从新坪村弱电线路接入光纤和电缆，保证与国内外联络畅通。

园区办公室内装配固定电话和连接到互联网，以方便对内、对外工作上的联络；其他区域可根据实际情况设立相应的通信联络点，方便了游客的同时，也加强了整个园区的信息化管理。

通讯主管道沿配合电力线路敷设。

六、环卫系统处理规划

规划区建成后主要固体废弃物为固体生活垃圾，对固体垃圾应及时收集，分类包装，集中堆放，统一处理。对可回收再利用的废弃物要进行清理、回收、出售，不可回收的垃圾要集中在园区外较为隐蔽的区域统一处理并填埋，填埋标准按照国家有关规定进行。

同时，依据以人为本的原则，根据用地功能需求合理型原则，在适当的地方建造卫生间。园区的公厕数量按 3 座/km^2 考虑。

垃圾箱样式应与园区整体风格相协调，园区内可用木桶式垃圾箱，方便游客使用，垃圾箱按沿路 50m/个布置。

同时，要将广告、招牌、标语、灯箱等纳入风貌监管范畴，努力创造整洁、美观、舒适的娱乐、休闲环境。

第七节　投资估算与效益分析

一、投资估算

（一）投资估算

山东省垦利区胜坨镇尚庄村田园综合体项目核心区总投资 8 347万元（表4-6）。

表4-6　胜坨镇尚庄村田园综合体项目核心区投资估算

序　号	功能分区名称	占地面积（亩）	投资金额（万元）	比　重（%）
一	综合服务养老社区	113.51	1 801.34	21.58
二	林下粮食标准化种植示范区	805.90	402.95	4.83
三	林下中药材健康养老体验区	1 591.02	2 792.12	33.45
四	林下花草休闲养生互动区	967.49	2 082.14	24.94

（续表）

序　号	功能分区名称	占地面积（亩）	投资金额（万元）	比　重（%）
五	游船亲水区	467.57	209.48	2.51
六	现代农业复垦区	1 214.20	1 058.97	12.69
	总计	5 159.69	8 347	100

（二）投资估算依据

（1）由国家发展改革委和建设部 2006 年颁发的《投资项目经济评价方法与参数》发改投资［2006］1325 号文。

（2）设备采用各厂家报价，并计取运杂费、安装费。

（3）原材料按当地近 3 年市场平均价格计取。

（4）国内外类似工程的造价及当地实际情况。

（5）设备费用根据厂商提供的报价估算。

（6）国家现行投资估算的规定。

（三）资金筹措

胜坨镇尚庄村田园综合体项目投入总资金为 8 347 万元，其中，国家及地方财政投入 1 068.4 万元，占总投资的 12.80%；社会资金投入 3 105.11 万元，占总投资的 37.20%；申请银行贷款 4 173.5 万元，占总投资的 50%。

具体资金筹措，见表 4-7。

表 4-7　胜坨镇尚庄村田园综合体资金筹措

序　号	功能分区名称	投资估算（万元）	财政资金（万元）	社会资金（万元）	银行贷款（万元）	财政资金（%）	社会资金（%）	银行贷款（%）
一	综合服务养老社区	1 801.34	270.20	630.47	900.67	15	35	50
二	林下粮食标准化种植示范区	402.95	56.42	145.06	201.47	14	36	50
三	林下中药材健康养老体验区	2 792.12	362.98	1 033.08	1 396.06	13	37	50
四	林下花草休闲养生互动区	2 082.14	249.86	791.21	1 041.07	12	38	50
五	游船亲水区	209.48	23.04	81.70	104.74	11	39	50
六	现代农业复垦区	1 058.97	105.90	423.59	529.49	10	40	50
	总计	8 347	1 068.4	3 105.11	4 173.5	12.80	37.20	50

二、效益分析

（一）社会效益分析

尚庄村通过中药材和养生养老产业的培育与发展，不断提高尚庄村中药养生的知名度和投资力度，开发养生养老服务产品，缓解人口老龄化发展趋势，满足老龄市场产业链的各种需求。打破传统的居家养老模式，发展田园养老、合居养老、医药结合养老等养老新模式。尚庄村田园综合体的建设在为周边县区提供生态休闲旅游场所和养生养老服务外，重点对接黑龙江省、海南省春秋两季的养生养老市场，加快全镇养生养老产业转型升级，有效带动当地第三产业的发展。同时，尚庄村田园综合体内各功能区的开发和建设将会为社会提供大量的工作岗位，除可长期解决新建小城镇居民的就业问题外，还可安排大量的农村富余劳动力和城镇待业、下岗职工就业，实现农村富余劳动力的转移。

（二）生态效益分析

园区通过建设不同特色、不同风格的功能建筑物和景观构筑物，辅以独特的设计，保持与周围自然景观和人文环境的高度协调。通过各个功能区的建设，利用园林化手法，种植苗木、果蔬、花卉和粮食，使项目区的土地绿化率提高到70%以上。遵循现代农业发展理念，将生态、绿色的理念贯穿于各个环节，从源头把关，发展绿色、有机种植，构建循环经济新模式，努力实现污水、污物的零排放。园区建成后将对小区域的水源涵养、水土保持、小气候调节、环境保护及维护生态平衡产生重要的作用。

（三）经济效益分析

通过胜坨镇尚庄村田园综合体的建设，带动胜坨镇中医药和养生养老产业发展，加快经营主体企业的转型升级进程。以科技为支撑，充分提高林下经济科技含量，增加林下产品附加值，使其成为尚庄村新的经济增长点，促进农民增收。至2020年，尚庄村药材种植面积可扩大到2 000亩，辐射带动周边区县种植中药材规模达到6 000亩，实现全村中药养生产业产值突破1亿元，以此辐射整个胜坨镇乃至垦利区中药养生产业健康、可持续发展。到2020年，重点园区直接参与经营的农民人均纯收入平均达到20 000元，其中，一产带动农民增收3 400元，三产带动农民增收3 000元。

第八节　机制创新与保障措施

一、体制机制创新

（一）金融体制改革创新

1. 创新投融资体制机制，构建多元化投融资体系

在政府投融资层面，政府作为投资主体，应整合政府现有政策资源和资金渠道，引导各类资本支持参与战略性新兴产业、服务业、企业技改、重大基础设施、节能减排、生态环境等重点项目及改善民生项目，加快形成多元化的投融资体系。在社会投融资层面，政府作为服务主体，应加强政策引导、优化金融发展环境、加强对企业的服务，建立和维护公平、公正的市场竞争秩序。进一步清理各种对民营资本投资的限制性、歧视性的政策和规定，积极支持民间资本设立商业银行、担保公司等金融机构。鼓励和支持企业通过上市、发行债券等方式扩大直接融资规模。对符合条件的大型企业，要支持它们进入资本市场，通过股票上市、发行企业债券、项目融资、股权置换等方式筹措资金，实现产业的规模化发展。

2. 建立健全贴息制度，引导金融资本参与

建立健全财政贷款贴息制度，财政每年拿出一定比例的预算安排作为贷款贴息，重点针对农业小额贷、重点主题园区建设和重大农业产业化项目贷款进行财政贴息，扩大融资渠道，促进农业主导产业做大做强。为确保财政贷款贴息资金推进项目现代农业建设，建议成立贷款贴息工作领导小组，具体负责组织、协调工作。农业部门负责组织、协调、政策宣传以及贷款户核准、贴息确认、技术培训等工作，财政部门负责对贷款贴息资金的审核、报账和拨付。制定小额贷款贴息资金管理办法，围绕重点主题园区及项目发展需求，科学确定扶持重点，将财政贷款贴息支持与产业结构调整相结合，统一规范操作规程，将财政贴息直接落实到贷款户。

3. 建立新型农业主体信用体系，顺应金融改革需求

制定实施垦利区"信用户、信用村、信用乡（镇）"评定工作实施方案，由区政府农业部门、镇政府部门人员和人行及其他金融机构人员，深入

村委会，根据农户的申请情况，对农户进行调查摸底，按照人行制定的"信用户等级评定百分考察表"对农户的信用等级进行评定，划分 AAA、AA 或 A 级农户；然后根据不同的资信等级，对农户核定不同的授信额度，并建立农户档案，实行一户一档、一户一证。对评定结构实行动态管理，每年定期检查验收评审。在组织管理体系上，由人民银行搭建平台，引导农村金融机构、第三方评级机构全面进行交流磋商，就开展借款企业与农户信用评级合作达成共识，多方共同组成信用评级小组，对申请贷款的中小企业和农户实施联合信用评级，建立"先评级-后授信-再用信"的信贷管理模式。对信用记录良好、信用评级较高的农户和企业的信贷申请优先受理，并在贷款额度、期限、利率等方面给予优惠。

（二）建设管理体制改革创新

1. 注重统筹协调，推进管理体制机制创新服务

统筹协调工作机制有力保障胜坨镇尚庄村田园综合体项目建设。围绕协调解决项目建设过程中的重大问题，项目部协调小组和领导小组都发挥了重要作用。此外，适当做实区级管委会、设立专项工作小组使得重大工作的推进在区级层面形成合力。加强社团建设，建立政府主导的基金会和以企业为主体的行业协会。以行业协会的形式帮助园区内外企业沟通，促进行业自律、自检、自约，解决行业问题和产业咨询等；政府通过法律和市场规律定制度，创环境，提供服务，引导创新活动方向，激励各创新主体之间的协同工作，实现灵活和富有活力的创新型管理机制。

2. 加强示范引领，推进战略规划引导机制创新

为全面落实规划纲要，尚庄村田园综合体启动编制系列专项规划。目前，空间布局优化调整的研究和产业发展规划已经初步形成，尤其是产业发展规划，明确提出尚庄村田园综合体要重点发展战略性新兴产业、培育发展文化与科技融合产业和大力发展现代服务业，描述了各园区着力发展的主导产业，勾勒新兴产业发展路线图，将尚庄村田园综合体内各类创新主体串接在一起，实现资源整合，创新成果提升。通过建设尚庄村田园综合体管委会，建立各职能部门，引入高科技农业企业和其他科技研发型企业，提升现代农业的科技研发与集成创新能力，使得现代农业管理委员会控制中心成为项目区的高效管理中心及核心发展动力。

3. 明确建设任务，推进工作督查机制创新

在科学制定尚庄村田园综合体建设规划的基础上，进一步明确未来建设

的重要任务，根据市镇之间的任务分解机制，项目乡镇要成立相应园区管委会，并召开动员会，层层签订责任书，做到机构、人员、经费、工作任务"四落实"。注重督查和奖惩相结合，挂牌通报促进项目加快推进。实行工期倒排、进度追踪、全程督查、挂牌通报。每半月 1 次情况通报，对项目进展情况在媒体上进行公示；每月 1 次现场会，区委、区政府领导进行现场点评；每半年一考核，项目县区、乡镇按 2 个层次拉通排位，奖优惩劣。将用人和干事相结合，对工作积极、工作效果好的由管委办特别推荐，优先提拔重用。对工作不力、推进缓慢的部门和县区、乡镇主要负责人实行挂牌问责乃至换人。

二、保障措施与建议

（一）强化组织领导，明确任务分工

建立健全财政部门牵头负责，农村综合改革机构、农业综合开发机构分别具体组织并互相支持配合的工作机制，协调发挥好各职能部门的作用，细化工作任务，认真组织实施，确保各项工作开好头起好步。各相关部门要结合实际情况，支持项目发展。农业部门负责牵头落实农业发展工作，加强与旅游等部门的协调配合，指导产业的整体发展，并做好宣传推广工作。发展改革部门负责统筹安排现有渠道资金对项目给予支持。财政和税务部门负责在现有政策范围内落实财税支持政策。国土部门负责落实该项目的用地政策。住房和城乡建设部门负责指导村庄的规划设计建设、农村危房改造、特色景观旅游名镇名村、传统村落和民居保护等。水利部门负责河湖自然生态资源保护工作，并指导水利风景区建设发展。林业部门负责指导森林、湿地等自然资源的保护与开发利用。

（二）明确重点范围，分类分层实施

从战略和全局的高度深化对发展田园综合体的认识，将其纳入当地国民经济和社会发展规划，出台具体的政策措施，支持田园综合体发展。要充实工作力量，加强干部人才队伍建设，理顺职责关系，建立高效的管理体系。认真履行规划指导、监督管理、协调服务的职责，组织拟定发展战略、政策、规划、计划并指导实施，切实提高推动项目科学发展的能力。要按照中央有关文件要求和统一部署，结合尚庄村实际情况，尽快制定实施含金量高，指向性、精准性、操作性强的政策文件，积极推动中央各项政策的落地

生根。加强与有关部门协调沟通，探索成立由农业部门牵头、有关部门参与的工作协调机制。要明确工作责任，形成主要负责同志亲自抓、分管负责同志牵头抓、分管处室具体抓的工作格局。加强督促检查，建立年前有计划、年中有落实、年终有考核的督察机制。

（三）加强政策扶持，拓宽融资渠道

加强各类政策扶持，在财政政策上，要鼓励整合财政资金，探索采取以奖代补、先建后补、财政贴息、设立产业投资基金等方式加大财政扶持力度。要创新融资模式，鼓励利用 PPP 模式、众筹模式、"互联网+"模式、发行私募债券等方式，引导社会各类资本投资园区项目。在金融政策上，要创新担保方式，搭建银企对接平台，鼓励担保机构加大对项目的支持力度，帮助经营主体解决融资难题。要推动银行业金融机构拓宽抵押担保物范围，扩大信贷额度，加大对项目的信贷支持。其次要拓宽融资渠道。鼓励担保机构加大对项目的服务力度，银行业金融机构要积极采取多种信贷模式和服务方式，拓宽抵押担保物范围，加大对项目的信贷支持。

（四）鼓励共同参与，带动多方受益

项目建设是一个复杂的系统工程，涉及面广、时间周期长，需要政府、涉农企业、市内农民以及专家、专业技术人士的共同参与。政府主要从基础设施建设、拓宽融资渠道、提供政策扶持等方面优化软硬环境；而企业作为投资主体，起着"领头羊"的作用，租用农户土地，并吸引农民参与本项目的建设工作，可解决农民的就业问题并提高收入。该项目建设旨在发展尚庄村的现代农业产业，使当地农民受益，因此，只有农民的充分参与，才能全面带动尚庄村的发展；同时，要重视发挥人才作用，引进和培养项目建设急需的各类专业技术人才，尤其是懂技术、会管理、善经营的复合型人才，建立起与市场经济体制相适应的充满活力的用人机制。通过专家或技术专业人士提供科技方面和培训方面的智力支持，政府、企业、农民及专家等的共同参与和努力，才能保障尚庄村现代农业产业长期和健康发展。

第五章　董集镇董集村"恒达乐秋"
田园综合体规划实践

董集镇董集村"恒达乐秋"田园综合体重点突出现代农业与新能源产业的融合发展，规划中以现代科技示范农业、生态循环农业和休闲观光农业的打造为主线，采取分体式双园布局模式，通过"一心十区"的建设，将园区打造为集农业生产、科技示范、休闲观光、循环生态、科普教育等功能于一体的田园综合体，成为循环农业、创意农业和农事体验的展示窗口，辐射带动董集镇及周边地区农业结构调整和产业升级，为黄河口地区现代农业发展提供样板平台。现将规划部分节选如下。

第一节　规划范围与期限

一、规划范围

本项目位于山东省东营市垦利区董集镇董集村东营恒达农业科技有限公司所在地，规划总面积1 800亩，项目位于总干渠以西，南依S316省道，清户沟以南，分为南北两个园区，北部规划面积1 385亩，南部规划面积415亩。

二、规划期限

规划期限为2017—2020年。2017年为项目启动和制定阶段，2018—2019年为重点建设阶段，2020年为完善发展运营阶段。

第二节　现状分析

一、区位条件

田园综合体位于垦利区西南部——董集镇董集村（N 37°48′11.86″，E 118°36′96.50″），总干渠以西，南依 S316 省道，清户沟以南，规划面积 1 800亩，距离董集镇镇政府 2km，距离东营市西城区约 7km，区位优势明显。

二、自然资源条件

（一）气候条件

园区地处温带季风气候区，冬季干冷，夏季湿热，四季分明。年平均气温 12.9℃，平均无霜期 195 天，大于 0℃的积温约 4 750℃，可满足农作物的两年三熟。年平均降水量 547.5mm，多集中于夏季，占全年降水量的 69.3%，降水量年际变化大，易形成旱涝灾害。

（二）地形地貌

董集村地处华北坳陷区之济阳坳陷东端，处于黄河下游，土壤母质是由黄河水从黄土高原搬运而来，填充了渤海洼陷而成陆，形成一层次生碳酸盐风化壳。土地地势平坦，土地集中成片便于整体开发打造。

（三）土壤植被条件

垦利区是我国东部沿海地区土地后备资源最丰富的地区之一，黄河每年携沙造陆 2 万亩左右，使垦利成为全国"生长"土地最快的地区之一。土壤共有 2 个土类、3 个亚类、3 个土属和 21 个土种。同时，形成了隐域性的潮土土类和盐土土类。土壤平均含有机质 0.62%。本区域地处半湿润地区，属于落叶阔叶林带，自然生长植物有水柳、柽柳、蒿类、野大豆、罗布麻等，人工种植树种有旱柳、白蜡、刺槐、速生杨等。

（四）水质资源条件

园区灌溉水源全部为黄河水，在监测的水质参数中，除总氮项目超地表水环境质量标准的Ⅲ类水标准外、其他项目符合地表水环境质量标准的Ⅲ类标准，综合污染指数 P 为 0.45，为轻污染水，能满足《农田灌溉水质标准》。

（五）矿产资源条件

区域内矿产资源丰富，特别是油气资源，是胜利油田的核心地带，自开采以来，胜利油田油气产量的 43%、已探明储量的 45% 都出自垦利地下。另外，地热、岩盐、地下卤水（伴生矿产碘、溴、锂）、石膏、贝壳、砖瓦黏土等矿物资源也十分丰富。

三、社会经济条件

（一）农业经济条件

2015 年，董集镇农林牧渔业总产值 25 465 万元，农林牧渔业增加值 14 524 万元，其中农业产值 10 619 万元。

（二）农产品资源条件

1. 农作物资源

农产品资源丰富，小麦、水稻和玉米是垦利区最主要的 3 种粮食作物，2016 年全区小麦、水稻、玉米等主要农作物面积分别达到 18.15 万亩、20 万亩、25.8 万亩，粮食总产达到 35.43 万 t，较 2015 年增长 21.4%。董集镇 2015 年农作物总播种面积 61 345 亩，粮食作物总产量 15 687t，较 2014 年增长 39%，平均单产 473.2kg/亩。其中稻谷播种面积 4 400 亩，水稻总产量 2 420t，单产 550kg/亩。

2. 果蔬资源

全区蔬菜（含菜用瓜）播种面积达到 8 万亩，总产量 16 万 t，产值 3.2 亿元，其中，以黄河口莲藕、蜜桃为代表的果蔬产品的知名度、美誉度和竞争力不断提升，果蔬产业已成为全区增加农民收入的支柱产业。其中，2015 年统计董集镇蔬菜播种面积 805 亩，蔬菜总产量 1 985t，较 2014 年增长 50.5%，平均单产 2 466.4 kg/亩；瓜果类播种面积 1 204 亩，瓜果总产量 2 547t，平均单产 2 115kg/亩。

3. 渔业资源

2016 年，全区水产增养殖面积 74 万亩，其中，淡水养殖面积 12 万亩，海水增养殖面积 62 万亩。全区实现水产品生产总产量 16.6 万 t，比 2015 年增长 3.8%。其中，淡水产品 3.2 万 t，海水产品 13.4 万 t。水产品产值高达 32.1 亿元，渔业占农业总产值的比重连年超过 40%。2015 年董集镇渔业产值 3 403 万元。

4. 畜禽养殖资源

2016 年年底，全区猪、牛、羊、禽存栏量分别达到 14.12 万头、2.87 万头、9.23 万只和 272.32 万只，出栏量分别达到 27.96 万头、3.02 万头、14.55 万只和 827.48 万只。全年肉蛋奶总产量 10.31 万 t，同比增长 8.24%。畜牧业总产值达到 8.97 亿元，占农林牧渔总产值比重的 28.7%。2015 年，董集镇牧业产值 10 142 万元，其中，家禽饲养产值 2 810 万元，猪饲养产值 5 021 万元。

（三）社会人口经济条件

董集村现有人口 1 457 人，495 户，耕地面积 1 911.66 亩。2016 年村集体经济收入 79 万元，主要来源于光伏电站占地款、学校占地款、帮扶款等方面。村民家庭年均收入 3~4 万元，全村家庭中，纯农业户仅有 31 户，占全村 6%，以外出务工为主的有 312 户，占全村 56%。

四、基础设施条件

（一）设施农业条件

2015 年统计，垦利区拥有设施农业 1 180 个，当年新建 310 个，设施农业占地 2 199 亩，种植面积 1 690 亩。其中，董集镇拥有设施农业 187 个，当年新建 57 个，设施农业占地 348 亩，种植面积 193.8 亩，主要以蔬菜设施农业为主，拥有蔬菜设施农业 181 个，设施农业占地 339 亩，蔬菜产品产量 567t。

（二）建设单位条件

东营恒达农业开发有限公司成立于 2013 年，注册资金 500 万元，是一家以生产农业产品为主，专业研究谷物、蔬菜、水果的种植与销售企业。公司产品先后获得无公害产品认证、有机认证等，并获得"当地经济发展特别贡献奖""垦利农村科普示范基地"、东营市农业产业化"重点龙头企业"等称号。

（三）基础设施条件

园区已建设完成管理办公用房 10 间，建成占地 400 亩的 30MW 光伏并网发电工程，10 栋日光温室，温室内已种植草莓、火龙果、辣椒、西红柿等多种果蔬。开挖鱼塘 20 亩，水稻种植约 1 200 亩，修建道路 800m。园区基础设施较为完善，水、电、路、通讯配套设施基本完备，具有较好的开发条件。

五、SWOT 分析

园区 SWOT 分析，详见表 5-1。

表 5-1　SWOT 分析

内部优势与劣势 外部机会与威胁	内部优势（S） 区位交通便利 生态环境独特 产业基础良好	内部劣势（W） 劳动力流失严重 休闲农业开发不足 基础设施不完备 盐碱地治理难度大
外部机会（O） 田园综合体项目的政策支持 "一黄一蓝"两大战略叠加区 东营市现代农业发展的良好势头	SO　战略 积极利用产业、政策优势，吸引投资，做大做强 着力构建特色鲜明、竞争有力的农业产业集群，以产业支撑未来发展	WO　战略 促进农业现代化同步发展，因地制宜、因时制宜，全面系统地统筹发展 实现经济发展，农民脱贫致富、保护生态环境，促进经济、生态和社会协调发展
外部威胁（T） 区域资源雷同 生态环境压力较大 抵御风险能力弱	ST　战略 通过循环农业提升农业整体效率 加快休闲农业项目建设	WT　战略 增强科技创新能力，提高农业生产发展水平 尊重自然、顺应自然、保护自然的有机理念，把绿水青山变成金山银山

第三节　发展思路与目标

一、发展思路

全面贯彻党的"十八大"和十八届三中、四中、五中、六中全会精神和习近平系列重要讲话精神，遵循"创新、协调、绿色、开放、共享"发展理念和"五位一体"总体布局，深入推进农业供给侧结构性改革，以建设"黄蓝经济示范区、和美幸福新垦利"为统领，紧抓"一带一路"、黄渤海经济圈、"两区一圈一带"等国家和山东省发展战略契机，以农业增效、农民增收、农村增绿为目标，通过优化调整空间布局、产业结构和产品结构，完善园区基础设施，全面提升农业生产水平，加强农业休闲旅游建设，推进高附加值农业发展，以现代科技示范农业、生态循环农业和休闲观光农业为主线，将园区打造为集农业生产、科技示范、休闲观光、循环生态、科普教育等功能于一体的田园综合体，成为循环农业、创意农业和农事体验的展示窗口，辐射带动董集镇及周边地区农业结构调整和产业升级，为黄河口地区现代农业发展提供样板平台。

二、规划原则

1. 坚持以农为本

以农民为核心，完善利益共享、多方共赢的利益联结机制，让农民分享产业增值收益，增强农民自主发展意识。以农业为基础，聚集现代产业要素，激发农业产业升级，提高农业发展空间和质量。

2. 坚持产业融合

充分发挥区域优势和资源优势，推进结构调整先行，加快农业供给侧结构性改革，优化调整种植结构、产品结构、品质结构，延伸农业产业链和价值链，充分挖掘农业的生态价值、休闲价值和文化价值，促进一二三产业深度融合发展，拓宽农民增收渠道。

3. 坚持科技创新

注重与农业科研院所、高校的合作，提高良种培育、果蔬引种、废弃物处理等技术的应用，增强在农业生产、加工、流通等关键领域科技创新的示范带动作用，全面促进农业生产体系、产业体系与经营体系转型升级。

4. 坚持可持续发展

坚持集约利用土地资源、水资源，遵循现代循环农业再循环、再利用、减量化的"3R"原则，谋划有利于节约资源和保护生态环境的产业结构和生产生活方式，推进生态环保、资源循环、经济高效的农业发展模式。

三、发展目标

（一）总体目标

以农业供给侧改革为指导，建设具有科技研发、生产加工、示范推广、观光游览及农事体验等诸多功能于一体的多功能、复合型、创新性地域经济综合体，充分发挥其区位、科技、产业、人才等优势，调整农村产业结构，提高农民收入，加快一二三产业深度融合，打造成一个集"种植、示范、教育、新能源、体验观光休闲"为一体的田园综合体。重点打造以下示范区和基地。

> 现代农业示范基地
> 光伏农业示范基地
> 休闲旅游示范区
> 党建教育示范基地

（二）具体目标

结合园区实际，根据总体目标，从总体情况、农业基础设施、农业科技水平、生态环保、质量安全、新能源、带动就业等情况，提出了园区规划的具体目标，详见表5-2。

表5-2　园区规划具体目标

指标大类	具体指标	2018年	2019年	2020年
总体情况	基础设施建设完成率（%）	80	100	100
	新增产值（万元）	900	1 400	2 000
	接待游客（人次）	5 000	10 000	15 000
农业基础设施	有效灌溉面积（亩）	1 368	1 368	1 368
	有效灌溉面积比重（%）	100	100	100
	农业设施建设面积（亩）	996	739	65
农业科技水平	水稻增产率（%）	5	10	15
	智能农业技术水平（%）	50	75	90
	测土配方施肥面积比重（%）	90	95	100
生态环保	农作物秸秆综合利用率（%）	90	95	100
	废弃物资源化利用率（%）	90	100	100
	化学农药使用数量减少率（%）	50	80	90
质量安全情况	农产品质量安全合格率（%）	100	100	100
	"三品"认证农产品产量比重（%）	50	90	100
新能源农业概况	光伏农业建设面积（亩）	36	200	300
带动就业情况	新增就业人口（人）	100	150	300
	农户个体经营户增加数量（户）	20	30	40

四、实施进度

规划期限为 2017—2020 年。2017 年为项目启动和制定阶段，2018—2019 年为重点建设阶段，2020 年为完善发展运营阶段。建设内容的具体时间进度，见表 5-3。

表 5-3　园区规划时间进度

	建设内容	建设面积（亩）	2017 年	2018 年	2019 年	2020 年
现代农业体验园	综合服务中心	20				
	光伏农业示范区	300				
	设施农业示范区	26				
	沼气循环农业示范区	5				
	休闲游憩区	10				
	休闲垂钓区	20				
	亲子动物乐园	3				
生态高效种植园	水稻创新研发区	12				
	生态高效稻田示范区	630				
	稻蟹（虾）循环农业示范区	460				
	水产养殖区	240				
	道路系统	—				
	公共服务系统	—				

第四节　功能定位与总体布局

一、功能定位

根据总体规划，全面考虑园区的生态环境、产业布局和基础设施建设，以现代农业生产、技术、产品为主体，加强循环农业、生态农业、设施农业提升，调整产业结构，发展休闲观光、农事体验、科普教育等活动，促进一二三产业深度融合，将园区打造成为集农业生产、新能源、休闲观光、科普教育于一体的田园综合体。园区具备以下四大功能。

（一）现代农业示范功能

在原有农业生产基础上进行产业升级和技术创新，建设高标准设施蔬菜（瓜果）等农产品和沼气循环农业示范基地，积极开展与科研院所和高校合作，定期举办农业技术培训活动，推广示范先进农业技术，形成种植业、畜牧业、渔业、光伏等有机联系的多层次循环农业模式，提高农业的科技含量和附加值，成为技术新、产出高、效益好的现代农业示范样板，带动当地及其周边地区的现代农业发展。

（二）生态高效生产功能

利用园区区位交通、气候资源、产业基础及技术支撑优势，推动水稻产业的规模化、标准化、科学化、产业化运营，同时，增加稻田与养殖业的结合，推动绿色、有机、生态的循环农业，满足本地区优质稻米原料需求，发展休闲观光农业的新增长点，形成立足董集镇，辐射区、市的生态高效稻田生产基地。

（三）农业休闲观光功能

依托园区良好的生态环境、区位优势和基础建设，打造具有观赏性、娱乐性、参与性和文化性的休闲观光园，开展农业观光、新能源教育、采摘和垂钓休闲项目，在不同的农时举办各种农事体验活动，让游客体验回归自然的放松感，增加游客对本地农产品的认识度，打造以农业生产、科技展示、特色餐饮、购物娱乐和农事体验等活动融为一体的特色园区。

（四）农业科技服务功能

以"双种子"党建、光伏电站和水稻新品种技术研发为依托，以企业为主体，以党建教育、光伏农业、生态种植为主导，通过科技示范、参观学习、技术培训等方式，实施农业科技人才培养和科技教育参观培训，强化农业科技队伍的建设，提高基层党员党性认识和先锋模范作用，带动周边地区农民科学文化素质和科学种田水平的提高；通过科普宣传、农业观光、农事体验等活动，打造本地区青少年素质教育基地。

二、总体布局

根据园区的规划目标和定位，以生态保护为前提，遵循因地制宜、合理布局、优化结构、产业升级等原则，按照土地资源供给与需求平衡要求，发挥优势、弥补不足，形成"一心、两园、十区"的空间布局（图 5-1、图 5-2）。

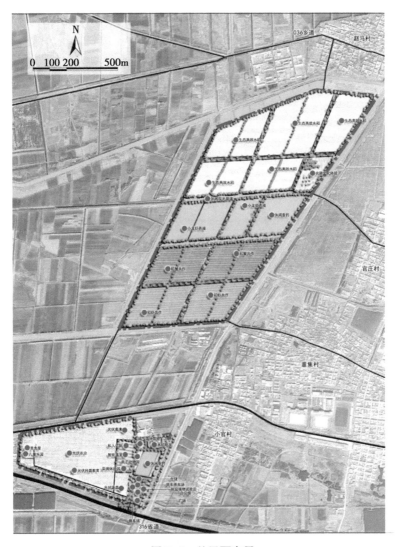

图 5-1　总平面布局

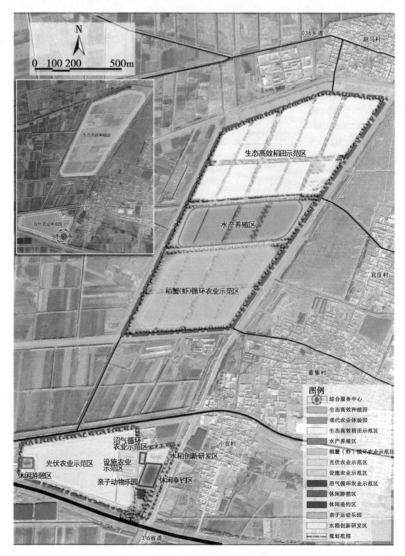

图 5-2　功能分区

（一）"一心"

"一心"指综合服务中心（游客服务中心）。位于园区的入口处，占地面积约 20 亩，由综合管理服务中心、游客接待服务中心、农业技术培训中心、党建文化活动室、物流配送区、冷冻库、产品展销区和农产品质量检测实验室组成。

（二）"两园"

"两园"指园区北部的生态高效种植园和园区南部的现代农业体验园。北园主要以农业高效生产、循环农业、水产养殖等功能为主，形成"一轴、三区"的空间布局；南园主要以休闲观光、循环农业、农事体验、科普教育、科技研发等功能为主，形成"七巧板"式空间布局。

（三）"十区"

"十区"指围绕农业生产、循环农业、休闲观光、农事体验、科普教育、科技研发等多功能的十大空间分布区。包括生态高效稻田示范区、稻蟹（虾）循环农业示范区、水产养殖区、设施农业示范区、光伏农业示范区、沼气循环农业示范区、休闲垂钓区、休闲游憩区、亲子动物乐园、水稻创新研发区（表5-4）。

表5-4 董集村田园综合体总体布局概况

序 号		布局名称	占地面积（亩）	占总面积比重（%）
1		综合服务中心	20	1.16
2		光伏农业示范区	300	17.38
3		设施农业示范区	26	1.51
4		沼气循环农业示范区	5	0.29
5	现代农业体验园	休闲游憩区	10	0.58
6		休闲垂钓区	20	1.16
7		亲子动物乐园	3	0.17
8		水稻创新研发区	12	0.70
9		生态高效稻田示范区	630	36.50
10	生态高效种植园	稻蟹（虾）循环农业示范区	460	26.65
11		水产养殖区	240	13.90

第五节　分区建设规划

一、综合服务中心

（一）建设思路

建设为集办公管理、游客接待、科普教育、物流配送、质量监管等功能于一体的综合服务中心,是田园综合体的入口门户区和对外窗口,集中展现综合性、多功能园区的形象与风貌。

(二) 建设地点和范围

综合服务中心位于园区南部入口处,紧邻 316 省道,占地面积约 20 亩。

(三) 建设内容

1. 综合办公室

综合办公室位于现有办公楼的西侧区域,建筑面积 150m²,房间 6 间。设有经理办公室、后勤服务办公室、园区管理办公室、农业技术员办公室,另增加园区监控室。增添企业文化墙、荣誉墙等展板。综合办公室承担企业管理、经营以及园区日常管理和安全保障。

2. 游客服务中心

游客服务中心位于现有办公楼中间位置,建设面积 50m²,设有游客服务咨询台、接待前台、休息区,休息区配有电脑、网络、多媒体电视、沙发等设施,供游客办理观光游览手续及短暂休息等待区,对游客服务中心前广场进行绿化提升。游客服务中心主要承担游客接待和咨询等功能。

3. 党建文化

党建文化区位于现有办公楼的东侧,建筑面积 30m²,房间 2 间,包括党建阅览室、党建学习交流室,并在办公走廊两侧建设党建文化长廊,长度 35m,包括党的理论、政策、权利、义务等内容展板。打造董集镇党建文化示范工程——红色田园"双种子"工程(农田里的红与绿——播撒红色种子,收获绿色希望),着力打造红色"四田"——"责任田""服务田""科技田"和"生态田",开展党员培育、党组织孵化、产业技术培训等"党建与产业"的双向帮扶,提升园区党建文化积极性和创新性。

4. 多媒体会议室

多媒体会议室位于党建学习交流室的东侧,建筑面积 30m²,配备办公桌椅、多媒体投影仪、互联网和有线电视系统等设备,承担各类技术交流和培训活动,包括新型农民职业技术培训、农业生产技术推广交流、专家学者授课等。

5. 农产品质量检测实验室

实验室位于办公楼内东侧,建筑面积 10m²,配有食品安全快速检测仪、天平、冰箱等设备,实验室建设及配套基本完备。主要对园区内和周边地区的农产品进行质量检验，加强农产品监管，提供优质、保鲜、绿色的农产品。

6. 物流配送中心

物流配送区位于综合办公楼后侧，占地面积 3 440m²，建设房屋 8 间，已建成电子商务配货中心、仓库和装卸货区，建筑面积 300m²，需对房屋进行修缮美化；将区域内东侧房屋改造为农产品展销区，建筑面积 350m²，提供农产品展示与贸易交流洽谈，延长农产品产业链条；计划在区域内建设冷冻仓储库，位于区域内的西南角，建筑面积 450m²，冷库库高 4m，包括 4 个冷藏库和 1 个速冻库，配套建设 50m² 变配电室和压缩机房等制冷设施。物流配送区计划年仓储、包装及保鲜农产品 500t 以上，可实现年平均利润 200 万元。

7. 停车场

停车场划分为游客停车场和物流配送停车场。游客停车场位于游客服务中心楼前和西侧，占地面积 1 000m²，采用生态停车场模式，提供停车位 30 个；物流配送停车场，占地面积 900m²，主要用于大型车辆农产品装卸，提供停车位 5 个。

8. 民宿体验

园区鉴于总体布局、功能定位，接待能力有限，缺少民宿基础建设用地。建议与董集村村庄结合，用于游客的住宿接待，开展游客民宿体验活动。结合美丽乡村建设目标，改造村落风貌，重点打造 3~4 处具有当地民俗特色的房屋建筑，吸纳游客前来住宿体验，白天在园区休闲游憩，晚上在村落居住，体验当地民俗文化，带动农村美丽乡村建设和农民增收。

9. 特色耐盐植物种植

在综合服务中心东侧和南侧土地，一是开展绿化提升改造；二是尝试种植特色耐盐高品质植物，例如海蓬子、海滨锦葵、菊芋等。被称为绿色"富贵菜"的海蓬子，富含 18 种氨基酸和天然植物盐，是宇航员、飞行员食用的有机食品和功能食品；海滨锦葵、菊芋等耐盐能源植物是重要的生物柴油原料。主要用于产品展示、科普教育和技术推广，未来可辐射带动本地区农业结构调整和农民增效增收。

二、生态高效种植园

北园生态高效种植园主要以农业生产示范为主要功能，形成"一轴三区"的空间布局，"一轴"以北园中轴线为中心，将北园划分为南北两部分；"三区"具有三大功能分区。

（一）"一轴"

1. 建设思路

一轴即景观生态轴，贯穿生态高效种植园的东西向，相互嵌合的田块与道路，在现有基础上提升景观风貌，构筑贯穿北园各功能区的绿色休闲观光廊道。

2. 建设地点和范围

一轴指位于北园中间东西向道路，北侧为水稻种植，南侧为水产养殖区，设计道路宽度 7m，长度 780m。

3. 建设内容

建设休闲观光廊道，廊道路面实施全部硬化，每间隔 30m 配置休息长椅、垃圾桶，每间隔 100m 设计凉亭一处，供游客休息、观景、摄影等，道路两侧绿化白蜡等乔木，增加具有本地特色绿植造型（如水稻秸秆艺术造型），并点缀不同季节的花卉，提升绿化观光景观，形成具有层次感、多彩的景观廊道。

（二）"三区"

1. 生态高效稻田示范区

（1）建设思路。围绕耐盐碱水稻优良品种种植、先进农业技术研发示范、农业生物技术示范等方面开展，积极与国内高等院校、科研院所合作，开展水稻高产试验，建立生态高效农业生产研究与推广示范合作平台。同时，围绕水稻种植特点，开展水稻插秧、割稻、打稻等农耕文化活动，举办以水稻为核心的主题活动，提高游客"生产+娱乐"互动体验，打造集农业生产、农耕体验于一体的生态高效稻田示范区。

（2）建设地点和范围。示范区位于北园一轴北侧，清户沟以南，占地面积 630 亩。

（3）建设内容。

①生态高效水稻：充分利用原有水系，进行农田平整，建设"田成方、路相通、渠相连"的旱涝保收高标准农田。开展建设国家北方水稻（中晚熟组）品种、山东水稻（中晚熟组）品种区域种植，通过耐盐碱品种筛选、泡田洗碱、施肥改良、插秧管理等技术应用，降低土壤含盐量和 pH 值，改

善土壤结构，提高土壤肥力，力争亩产达到 700kg/亩，实现水稻增产 15%~20%，年生产稻谷 400t，形成优质稻米品牌，每年可新增经济效益 80 万元。

②农耕文化体验：在水稻田种植基础上，适当选取小片区域，开展水稻插秧、割稻、打稻等农耕文化活动，并组织中小学生夏令营普及农业耕种、收割知识教育，体会农耕劳作，作为中小学生户外科普教育基地。

2. 稻蟹（虾）循环农业示范区

（1）建设思路。采用稻蟹共作、稻虾共作等现代农业立体种植模式，将剩余饵料还田，有利于盐碱化土壤改良，减少农药化肥使用，改善农田生态环境，提高稻米品质，建成生态高效循环农业示范区。

（2）建设地点和范围。在北园水产养殖区南侧，占地面积 460 亩。

（3）建设内容。

①稻蟹共作模式：该区占地面积 240 亩。根据稻蟹共生的需要，在稻田四周离田埂 1.5~2m 外开挖一条围沟，围沟中间每隔 2.5m 挖畦沟与围沟通连，沟宽 0.5m，深 0.6m。畦面供种稻，沟内供养蟹。每隔种养田块单元 5 亩，共建设 24 个种养田块，建设防护围栏和蟹苗越冬等基础设施，引进标准化健康养殖技术。亩产蟹 50~80kg，蟹田米亩产 400~500kg，亩产值达 1 万元以上。

②稻虾共作模式：该区占地面积 220 亩。在稻田里沿田埂挖出环形虾沟，加宽加高大沟，改成 4m 宽、1.5m 深的大沟。每到插秧时节，把尚在幼苗期的小龙虾移至沟内生长。等秧苗长结实了，再把沟里的幼虾引回到稻田里。这样做，4—5 月收一季虾，8—9 月又收获一季，可实现 "一稻两虾"，提高经济收益。小龙虾活动和摄食等起到疏松土壤而不损坏水稻根系的作用，排泄物和死亡有机体成为水稻肥料，有效减少农药的使用；同时，水稻为小龙虾提供躲避阳光直射的藏身地，稻茬、杂草、败叶滋养幼虾。

3. 水产养殖区

（1）建设思路。依托已建设的莲藕池和水塘，在既发挥水产养殖功能基础上，又进一步推进观赏、休闲垂钓等休闲农业建设，开展以养殖、观赏、垂钓为主的水产养殖区。

（2）建设地点和范围。在北园中轴线南侧片区，占地面积 240 亩。

（3）建设内容。

①小龙虾养殖：规划面积 160 亩，在原有莲藕池基础上进行提升改造，投入小龙虾苗，开展小龙虾规模化养殖，可用于本园区特色餐饮供给，又可

用于对外销售，实现水产养殖增产增效。引进多种适宜的荷花品种，形成多彩荷花池，供游客驻足赏析，既满足生产功能，又观赏体现功能。

②休闲垂钓：规划面积80亩，在保障稻田供水的基础上，在东西两侧建设小型垂钓台50个，垂钓台面积为2m²，投放青鱼、鲤鱼、黑鱼等多种鱼类，供游客垂钓。在东北角设立渔具小商铺，以木质结构搭建，建设面积10m²，提供垂钓渔具的租赁、购买服务。

三、现代农业体验园

现代农业体验园位于规划区南部的园区，规划占地面积415亩，南侧紧邻316省道，区域交通条件便利，建设包括：光伏农业示范区、设施农业示范区、沼气循环农业示范区、休闲游憩区、休闲垂钓区、亲子动物乐园、水稻创新研发区等七大功能区，形成"七巧板"式空间布局。

（一）光伏农业示范区

1. 建设思路

围绕新能源建设基础设施，充分利用闲置土地开展蔬菜光伏模式和畜禽光伏模式经营试点，实现一地多用，提高单位土地产出率，将该区域打造为集新能源创新利用、科普教育于一体的光伏农业示范区。

2. 建设地点和范围

位于园区中间位置，东邻设施农业示范区，西靠休闲游憩区，南依316省道，规划占地面积300亩。

3. 建设内容

（1）光伏农业。园区光伏电站为敞开式架子，可作为果蔬爬藤的支撑，在太阳能光伏组件下方，充分利用闲置土地种植喜阴蔬菜以及部分航天喜阴蔬菜，开展蔬菜光伏模式试点经营，前期在设施农业示范区南侧，规划16亩光伏用地，选取2~3种蔬菜用于蔬菜光伏模式经营试点，耐弱光蔬菜主要包括芹菜、芦笋、菠菜、生姜、韭菜、莴苣、蒲公英、空心菜等。

在太阳能光伏组件下方散养畜禽，前期在设施农业示范区北侧，规划20亩光伏用地，选取开放式养鸡模式，开展畜禽光伏模式经营试点，试点区靠近循环农业示范区，有利于家禽养殖废弃物资源化有效利用。

2种光伏农业经营模式成功运营后，再推广到园区其他260亩光伏用地中。

（2）光伏科普教育。在光伏电站产业区基础上，开展光伏科普教育，建设观光游览廊道，道路长 900m、宽 1m，在廊道两侧设置展板，介绍太阳能电池光伏效应、清洁可再生资源利用、独立光伏发电系统等新能源图解和原理介绍，导览蔬菜光伏农业和畜禽光伏农业循环模式，提高游客的光伏科普和认知。

图 5-3　光伏农业循环模式

（二）设施农业示范区

1. 建设思路

在现有温室大棚基础上进行升级改造和农产品提升，以生态果蔬种植为主体，增强设施农业科技含量，提高果蔬种植质量，推广果蔬精品采摘，创造生态高附加值农业，形成集生态种植、智能管理、休闲采摘等于一体的智能化、集约化、现代化的设施农业示范区。

2. 建设地点和范围

该区位于南园中间位置，建设有 10 栋温室大棚，规划面积 26 亩，每栋温室长约 92m，宽约 10m。

3. 建设内容

（1）采摘体验园。划定 6 栋精品采摘温室大棚，占地面积 16 亩，主要作为消费者蔬菜水果采摘和体验区，精品采摘以本地和引进的质优、高品质果蔬为特色，采摘区完全按照绿色—有机果蔬标准生产，形成 4~5 个主打果蔬品种（目前主打品种有火龙果、草莓），既能反季节供应又能供游客观光采摘。园区可以满足市民对优质时鲜果蔬采摘与购买的需求，园内配备果蔬养生知识宣展牌、农事劳动工具等，满足消费者采摘、休憩、体验需求，并开展果蔬家庭配送订单签署与咨询等相关服务。

（2）智能温室。划定 2 栋温室大棚建设智能温室，占地面积 5 亩。运用物联网系统的温度传感器、湿度传感器、pH 值传感器、光传感器、CO_2 传感器等设备，检测环境中的温度、相对湿度、pH 值、光照强度、CO_2 浓度等环境因子参数，升级温室大棚智能控制系统，在土壤、大气、光照等各个环节严格控制，技术人员采用无线传输网络调控农作物生长条件，达到增产、改善品质、调节生长周期、提高经济效益的目的。利用智能农业物联网技术，实现"生产自动化、可视化和履历记录自动化"。

（3）"互联网+私人订制"。划定 2 栋温室大棚作为"互联网+私人订制"区，占地面积 5 亩。推出消费者家庭田园农产品的认购活动，运用互联网+的方式，采用 C2B（消费者需求−商家响应）的预售订制模式，在温室大棚中建设远程监控系统，由园区人员进行日常种植和管理，消费者可通过网络实时监控自己认购的果蔬田块，待果蔬成熟后，消费者前来亲自采摘或专门的设计包装邮寄给客户。

（三）沼气循环农业示范区

1. 建设思路

以沼气为纽带，开展沼渣、沼液生态循环利用技术研究与示范推广，推行"猪-沼-果（菜）"循环模式，形成上联养殖业、下联种植业的生态循环农业新格局，成为区域示范的亮点模式，带动周边生态循环农业发展。

2. 建设地点和范围

位于南部园区中轴线北端，西邻设施农业示范区，东依水稻创新研发区，南靠动物喂养区，规划面积 5 亩。

3. 建设内容

建设有种猪 22 头、猪年末出栏量 200 余头的猪舍 2 座，采用生物发酵床养猪技术，提高猪肉品质，节约水、电、饲料量等资源，形成较为完备的现代化低碳集约生猪养殖示范场。将有机废弃物、畜禽（猪、鸡）粪便等接收吸纳，采用好氧发酵技术处理固体畜禽粪便，进行无害化处理并制成有机肥，反哺生态农业，生产有机、绿色农产品。常见工艺流程为：收集-安全性处理（腐熟）-商品肥原料或功能性肥料。同时，通过沼气工程产生的能量，可以为设施农业示范区温室大棚提供热量。游客购买和采摘高附加值生态农产品，达到农业增产农民增收的目标，形成"猪-沼气-有机肥-农产品-生活消费"的循环农业生产模式。

（四）休闲游憩区

1. 建设思路

围绕园区基础设施改造，以特色餐饮为目标，提升园区儿童娱乐、特色餐饮服务等设施，实现集休闲、餐饮于一体的休闲游憩区。

2. 建设地点和范围

位于园区最西侧，南依 316 省道，东与光伏电站相邻，规划占地面积 10 亩。

3. 建设内容

在原有休闲锻炼养生基地"幸福部落"基础上进行升级改造。建设儿童游憩区、游客餐饮服务区等区块。购置新能源电瓶车作为摆渡车，服务于休闲游憩区与其他功能区间的游客往来。

（1）儿童乐园。在园区中间建设儿童乐园，包括户外和室内活动场所，滑梯、旋转木马等游乐设施，增强儿童互动游戏。

（2）美食屋。园区建设美食屋，设有特色小灶台，对自采果蔬、畜禽、水产产品进行加工，推行"农家乐"等体验项目。

（五）休闲垂钓区

1. 建设思路

依托现有水域资源优势，体现休闲垂钓、游乐功能，以垂钓为主要活动形式，以野炊为主要饮食体验，发展集餐饮、垂钓、休闲、娱乐为一体的生态休闲旅游，打造乐钓者的天堂。

2. 建设地点和范围

位于南部园区的东侧，西邻动物喂养区，南靠综合服务中心，规划面积 20 亩。

3. 建设内容

已完成鱼塘建设和蓄水，在鱼塘中间已建设长 50m、宽 4.5m 的栈道和凉亭。计划在现有设施基础上进行升级改造，修建环池小路一条宽 1m，鱼塘周围建设具有地方特色的 4m² 小型凉亭 12 处（东西池边各 4 处，南北池边各 2 处）和 2m² 的垂钓台 50 个，台间距不小于 6m，既可遮阳挡雨，又成水岸一景，在每个凉亭建设鱼灶台，配备炊事工具，对鱼塘中央栈道进行道路硬化，在栈道四周种植少量荷花，供游客驻足赏荷，栈道中央凉亭修缮改造提升。放养鲤鱼、草鱼、虹鳟鱼等特色品种鱼类，同时，提供渔具租赁服务，供游客体验休闲垂钓、野炊等活动项目。

（六）亲子动物乐园

1. 建设思路

兼顾园区土地利用状况，合理有效利用土地空间资源，在小型三角地建设集休闲、娱乐、体验于一体的亲子活动示范区，打造成儿童体验幸福的载体。

2. 建设地点和范围

位于设施农业示范区东侧的小型三角地，占地面积 3 亩。

3. 建设内容

在原有建设基础上，建设木质围栏周长 240m，饲养和引进国内外草食性动物，如兔子、山羊、梅花鹿、羊驼、鸵鸟等，建设动物乐园。配备 1.5 亩的小动物活动空间，提供食物喂养服务，让儿童通过照料小动物、观察小动物、亲近小动物，体验劳动快乐，同时，也是科普教育的活动场所，让儿童接触自然、了解动物的生活习性，以及与人类、环境的关系，培养儿童观察、探索、认知的能力。

（七）水稻创新研发区

1. 建设思路

利用园区水稻种植资源优势，以水稻优良品种培育为目标，遵循绿色有机生产标准，建设集科技创新、示范应用、培训展示于一体的水稻创新研发区，促进区域水稻产业优化升级，引领和带动周边区域的优质稻米生产。

2. 建设地点和范围

位于南部园区东北角，西邻沼气循环农业示范区，南靠休闲垂钓区，规划面积 12 亩。

3. 建设内容

开展水稻耐盐高产优质品种筛选与选育，引进中国农业科学院、山东农业科学院、山东农业大学等科研院校的农业技术与资源，发挥农业科技工作者的科研和技术优势。开展水稻精准农业研究，以精准灌溉、精准施肥和精准施药为重点，集成生态高效优质水稻标准化栽培技术模式。开展水稻种植技术培训，以实地讲解的方式，指导和培训企业技术人员和农民 100 人次/年。

第六节　基础设施规划

一、道路系统规划

对于道路交通系统规划，满足游客、车辆以及农业生产的需求，与外围道路相协调，提高整体服务能力水平，道路布局与整个田园综合体环境紧密结合，并分出不同的等级，各个道路等级间紧密衔接。

（一）出入口设计

田园综合体为半开放式，主入口设置在南园靠近316省道的边上，次入口设置在北园中轴线处。主入口设计为方形的广场，满足游客方便出入，广场中放置旗杆，旗杆周围种植花草，广场内设置非机动车和机动车停车位、导游图、宣传画廊等服务项目。次出入口从北园生态高效种植园中轴线穿过，道路硬化，道路两侧以提升绿化景观为主。

（二）主支路设计

根据功能分区及项目建设，将田园综合体内道路分为主要道路、游览道路。

（1）主要道路。为园区内部沟通各个功能区域的主干道，南部园区总长600m，北部园区总长度700m。设计路幅宽度6m，采用沥青混凝土路面结构。两侧各1m绿化带。

（2）游览道路。为各个功能区域内部联系和景观节点连接线路，北园长度5 000m，设计路幅宽度2m，进行道路平整，保持乡间道路风格，每100m在道路上标定健步距离，同时设置简易休息椅和垃圾箱，使游客既可参与健步骑行锻炼，又可驻足观赏景观。南园在光伏农业示范区中铺设游览道路，长度700m，设计路幅宽度3m，采用碎石铺地。

（三）停车场设计

设计生态停车场模式，采取透水性铺装材料铺地，让雨水流入地下，还可以调节地面温度，每一行用绿化灌木和乔木分隔空间，可以在阳光下减少车内的温度，提高整个规划区的环境质量。主入口停车场内提供停车位30个，主要接待游客休闲旅游、参观等车辆；在配货仓库处提供大型车辆停车位 5 个，用于农产品物流、货运等车辆。

二、公共服务设施系统规划

（一）给排水系统规划

田园综合体所在地主要水源为黄河水，能够基本保证满足生产、生活用水需要。在各功能区沿路两旁铺设供水管道，管径为 500mm，各功能区根据需要随取随用。综合考虑耐久性、节能、施工方便、维修容易等因素确定采用 PE 材质灌溉供水管线，灌溉系统分为干（分干）、支、斗三级，灌溉方式为续灌，灌水定额为 $50m^3/$ 亩。设施农业示范区、水稻创新研发区等规划区，灌溉方式可采用全程喷灌或微喷灌，配套远程控制自动施肥、自动调节环境系统。

规划区内雨水排放原则是"分区排水、就近排放"，将规划区分为若干排水区域，按照分散、直接的原则，使雨水管道以最短距离，最小管径把雨水就近排入分区附近的沟塘水体中。同时，对现有的河渠、沟堤进行改造，增加排水和防洪能力。田间排水系统要实现雨停沟干，能排能灌的效果。

（二）供电工程规划

由东营市垦利区供电局直接供电，光伏电站总体布局和建设已经完成并入国家电网供电。园区内所有新建线路均采用地下电缆管井，直埋或通过电缆隧道敷设，主要沿道路的两侧敷设，逐步取消架空线路，提高电缆敷设率，实现配网自动化和环网供电。

（三）通讯系统规划

在综合服务中心、休闲游憩区等区域设无线接收装置，连接有线电视和宽带，以满足观看电视和上网的要求。同时，力争在整个园区实现无线网络连接全覆盖。

（四）绿化规划

规划区建设用地内的绿地覆盖率不低于 35%，总体绿化覆盖率应达到50% 以上。道路绿化带以种植花草为主，间植乔灌风景树木。植物宜选用耐盐碱的植物品种，降低景观维护费用，体现当地的植被特色，形成具有区域特色的田园风光景观。

不同含盐量地中国柽柳成活率及生长量存在一定差异，可引种东柽 1

号、东柽2号等良种。绒毛白蜡在滨海盐碱地区城乡绿化中占据优势地位，其特点耐盐、耐旱、耐瘠薄、比较耐涝，其生长速度快、寿命长，炕各种病虫害能力较强，为中大型乔木，树形优美。

花卉品种可以选择二色补血草、凤尾兰、中天玫瑰、马蔺、金娃娃萱草等。二色补血草，耐盐临界值17~21g/kg，花期为5—6月凤尾兰，耐盐能力达8g/kg，一年开花1~2次；中天玫瑰，在土壤含盐量10g/kg、pH值9.5以下的盐碱地生长良好，花期5—10月；马蔺，耐盐能力为4g/kg，开花期4—6月；金娃娃萱草，耐盐能力为5g/kg，开花期5—11月。

（五）标识系统规划

配套的旅游标识系统有导引标识设施、指示标识设施以及解译设施3种。为游客提供空间导向和位置指向的文字、符号或图案。在主要景观节点树立交通导向牌及景观指示牌等导引标识设施置于门禁、步道、车行道、岔路口等处，引导游客的游览行为，疏导车辆有序行驶。在厕所、休息处、医疗点等设施内部设置服务设施指示牌；在各生态观光类景观节点内危险地段主要设置警告禁止指示牌。

第七节　投资估算与效益分析

一、投资估算

（一）估算依据

根据国家有关部门或行业规定的内容、计算方法和费率或取费标准进行分项估算。主要采用单位工程量综合指标法，结合当地实际情况，并参照当地类似工程造价水平，对本项目投资进行估算。概算编制主要依据如下标准和方法。

（1）《建设项目经济评价方法与参数》。

（2）《建设工程工程量清单计价规范》国家标准。

（3）《农业建设项目投资估算内容与方法》行业标准。

（4）《农业建设项目经济评价方法》。

（5）《农业基本建设项目管理办法》。

（二）投资估算

董集镇董集村"恒达乐秋"田园综合体预计投资总金额1 370万元。本项目根据建设内容和有关建设标准及规范，对主要建设工程进行了简要的分析和核算（表5-5）。

表5-5　项目投资估算

	建设内容	建筑面积（亩）	投资额（万元）
现代农业体验园	综合服务中心	20	150
	光伏农业示范区	300	60
	设施农业示范区	26	220
	沼气循环农业示范区	5	30
	休闲游憩区	10	240
	休闲垂钓区	20	90
	亲子动物乐园	3	40
生态高效种植园	水稻创新研发区	12	50
	生态高效稻田示范区	630	100
	稻蟹（虾）循环农业示范区	460	120
	水产养殖区	240	90
基础公共设施	停车场	3	30
	道路	—	80
	广场	2	40
	土地整治	—	30
	总投资额	—	1 370

（三）资金筹措

董集镇董集村"恒达乐秋"田园综合体项目预计投入总金额为1 370万元，其中，地方财政投入300万元；向乐安村镇银行申请银行金融合作贷款670万元；企业自筹投入资金400万元（表5-6）。

表5-6　资金筹措计划

序　号	资金来源	金　额（万元）	到位时间
1	地方财政配套	300	2018—2020年
2	金融合作贷款	670	2018—2020年
3	企业自筹资金	400	2018—2020年
	合计	1 370	2018—2020年

二、效益分析

(一)经济效益

预计项目实施后每年可实现直接经济效益 1 108.5万元/年。其中,生态高效水稻种植 630 亩,每亩收益 1 500 元/亩,总产值 94.5 万元;设施农业区 26 亩,每亩收益 4 万元/亩,总产值 104 万元;光伏农业 300 亩,每亩收益 2 000 元/亩,总产值 60 万元;农产品加工、仓储和物流配送农产品 500t 以上,实现年均产值 400 万元,餐饮接待、休闲游憩、农耕体验等接待游客 15 000 人次/年,人均消费 300 元,实现收入 450 万元。

(二)社会效益

1. 带动区域农业科技生产技术提高

项目建成投入运营后,将会带来先进的农业技术(如循环农业、光伏农业等),能够极大地推进当地的农业科技创新,促进农业产业结构进一步优化和升级,同时,带动当地及周边农业科技进步,进而提升当地农业整体科技水平。

2. 带动农民就业增收

项目建成后以农业生产和休闲农业为主,休闲农业的开发和建设将会为社会提供大量的工作岗位,引导农民进入第二、第三产业,解决当地农村剩余劳动力就业问题。同时,通过对本地、周边地区农村和农民的巨大辐射作用,为当地农民增收创造条件。

3. 带动当地农村环境的改善和农民素质的提高

项目建成后,可以带动当地农村道路交通、水电通讯等基础设施的建设,促进村容整洁,村貌美化;休闲观光农业所要求的市场化经营意识、现代的管理理念以及高素质的管理团队,也有利于提高农民素质和促进农村民主管理。

(三)生态效益

1. 推动农业资源高效利用

通过园区建设,广泛推广高效生态生产稻蟹/稻虾共作、光伏循环农业、沼气循环农业、节水灌溉等农业模式,大大降低了化肥和农药的使用量,提高了集约化生产水平和资源利用率,有效降低面源污染,通过多元化的种植结构,实现园区生态的良性循环和产业的可持续发展。

2. 美化乡村环境

项目建设后，可消纳当地农作物秸秆，解决了秸秆乱堆乱放对村容的影响以及烧柴做饭对村庄空气的污染。现代化的种植设施和休闲农业示范，将成为当地重要的乡村旅游地，为挖掘当地的其他乡村旅游发展、建设美丽乡村提供样板。

第八节　组织管理与保障措施

一、组织管理

（一）成立建设领导小组

将田园综合体建设纳入董集镇经济和社会发展的重要工作议程中，成立由镇政府主要领导组织，村委会及有关部门、企业成立建设工作领导小组，形成"政府统一领导、部门齐抓共管、社会广泛参与"的工作机制，切实发挥组织领导和协调管理作用。领导小组下设管委会，负责园区建设工作的综合协调、监督指导、日常管理等工作。

（二）加强项目管理

项目建设过程中，按照规划确定的重点建设项目和基本建设程序，做好项目的组织实施工作，对于重点项目、工程及时足额配套。管委会相关部门要加强对项目实施过程的监管，定期开展监督检查和指导工作，协调、监督工程实施进度，发现问题要及时解决，对违规问题要及时查处。

（三）强化动态评估

建立规划实施的评估与动态修订机制，构建统一协调、信息畅通、更新及时、功能完善的规划实施动态监测系统，适时对规划实施情况进行全面监测、跟踪分析和动态评估，及时研究新情况，解决新问题。通过规划跟踪监测，对田园综合体不同功能分区建设，分别通过引导市场主体自主行为、完善利益导向机制、运用公共资源等方式实施，充分调动社会资源全面参与规划实施。

（四）建立利益共享机制

通过建立合理的利益关系，促进形成健康的产业生态环境，引导企业在平等互利的基础上，与农户、农民合作社签订农产品购销合同，形成稳定购销关系。探索在合作制的基础上引入股份制，农户可以出资入股建立股份合作社，进入二三产业；建立农村产业发展利益协调机制，保障农民和企业能够公平地分享一二三产业融合中的红利。

二、保障措施

（一）政策保障

依靠国家和地方出台的相关政策，为田园综合体规划做出指导性依据。在规划上，田园综合体将结合 2017 年中央一号文件精神和本地优势特色选择重点产业发展领域。这些领域以循环农业、创意农业、农事体验等为载体，体现生产、生态、科技、教育、观光和文化等特点。系统研究相关的农业政策，充分利用国家和地方政府制定的农业、农村政策，可以为田园综合体的发展提供强有力的政策支持。

（二）资金保障

采取贷款贴息、投资补助、以奖代补、费用补贴等方式，加大对农业龙头企业、农民专业合作社和种养大户的扶持力度。引导社会资金、工商资本等的投入，建立健全政府和社会资本合作的 PPP 机制。按照"谁投资、谁开发、谁保护、谁受益"的原则，对部分农业基础设施实行"政府主导规划、企业投资开发、市场模式运作"的投资融资机制，促进工商资本介入，以金融合作贷款形式投入农业设施建设；鼓励农民以农村合作社为单元将社会资金投入基础设施建设。加强与中央、省、市各部门的项目对接，积极申报各级各类项目，大力争取园区建设发展资金，千方百计拓宽园区建设资金渠道。

（三）技术人才保障

规划融入了循环农业、休闲农业等现代农业的先进理念，需要先进的农业科学技术和人才引入。一方面与中国农业科学院、山东农业科学院、山东农业大学等科研单位、高校的合作，引进农业创新成果及先进技术，依据相关政策待遇，引进优秀高校毕业生到本地工作；另一方面，通过授课、实地讲解等形式开展农业技术培训，培训一支既懂技术又懂管理的农业技术人员及农民队伍，提高现代农业技术水平和利用能力。

（四）宣传推介

加大园区宣传力度，综合利用传统媒体和新媒体，进行全方位、高频度宣传推介。在报纸、网络、电视等媒体宣传田园综合体建设进度、思路和建设项目推介等。利用微博、微信等新媒体，拓宽宣传渠道和受众人群。通过举办采摘节、农业嘉年华等，扩大园区影响力，引导社会各方全面提高对董集镇产业认识，增强发展的内生动力。加大品牌建设力度，推进园区农产品"三品一标"认证。

第六章 黄河口镇兴林村"多彩生态家园"田园综合体规划实践

黄河口镇兴林村"多彩生态家园"田园综合体以黄河口蜜桃生产、手工醋加工为核心，进行区域特色农产品生产和加工，打造田园综合体绿色农产品品牌，为黄河口大生态旅游区提供高品质的特色旅游商品；同时，以承接黄河口生态旅游区的餐饮、住宿功能为重点，通过多样化种植品种的搭配打造多彩田园，构建丰富多彩的休闲农事体验活动。规划通过"一心·两带·四园"的建设，培育具有示范引领作用的垦利区田园综合体先行示范点。现将规划部分节选如下。

第一节 项目选址及规划范围

项目区位于山东省东营市垦利区黄河口镇，北至小岛河南岸、东至小岛河西岸、东南与东隋村相接，南靠宋春荣沟，西与贾刘村相连，北与十四村相接。项目区内涵盖兴林村全域和贾刘村、东隋村、十四村部分耕地，规划总占地面积约7 000亩。

第二节 现状分析

一、区位条件分析

黄河口镇位于垦利区东北部，处于经济发达的山东半岛和京津塘地区的中间地带，是环渤海经济区与沿黄经济区的结合部，东濒渤海，通过东营港与辽东半岛相通。市旅游南线贯彻全镇30km，把东营城区、湿地自然保护区、黄河入海口连接为一体。正在建设的东营市沿海观光路工程贯穿镇域东部，市旅游南线东延工程，可实现黄河口镇与东营市区、东营机场的"半小时"交通圈。已建成山东省荣成至内蒙古自治区的乌海、青岛至银川高速等多条高速公路从黄河三角洲通过，实现了黄河三角洲与胶东半岛经济区、环渤海经济区、京津塘经济紧密连接。

项目区位于黄河口镇正南 5km，距垦利区政府 34km，距东营市政府 40km，距黄三角生态旅游区 20km。项目区南侧有县道新镇公路穿过，乡村公路完备，可与省道 S228 相连通，距离东营机场 16km，交通条件便利。

二、用地要素分析

（一）气候条件

项目区属于暖温带半湿润大陆性季风气候，冬季干冷，夏季湿热，四季分明。项目区全年平均气温 11.7℃，无霜期 203 天，日照总时数 1 479.7 小时，历年年平均蒸发量为 1 757.3mm，空气湿度 70%。项目区年平均降水量 616.3mm，各季降水分布不均，降水主要集中在夏季。雨热同季，适宜农业生产。

（二）水资源条件

项目区现有库容 15 万 m^3 的水库 1 座，其水源为黄河水。2012 年 12 月水质检测结果显示，除总氮项目外，其他项目符合地表水环境质量标准的Ⅲ类标准，符合《农田灌溉水质标准》要求。项目区灌溉水质、水量均能满足项目农业生产用水需求。

项目区已完成农村供水工程建设，实现自来水入户，可满足项目生活用水需求。

（三）土地条件

项目区地势平坦，土地集中成片便于整体开发。项目区耕地属沙碱性土壤，盐碱程度较弱，适于蔬菜、林果、粮油等多种作物生长。

（四）电力条件

项目区现有 100kVA 变压器一处，农村电力网较完备，可根据田园综合体建设电力需求，适当提升电力供应能力。

三、产业基础条件分析

黄河口镇版图面积 1 317km²，是东营市面积最大的乡镇，辖 91 个自然村，63 个村民委员会，人口 2.48 万。2015 年，黄河口镇实现生产总值 16.02 亿元，比 2010 年增长 81.93%，其中，第一、第二、第三产业增加值分别为 3.58 亿元、7.00 亿元、5.43 亿元，分别比 2010 年增长 13.79%、172.60%、75.74%。3 次产业比重由 2010 年的 35.73∶29.19∶35.08 调整为 2015 年的 22.35∶43.75∶33.90，产业结构得到进一步优化。

2015 年，黄河口镇农林牧渔业总产值 73 827万元。全年粮食作物播种面积 5 026.33 hm²，总产量 2.27 万 t；瓜菜 125hm²，总产 0.41 万 t；棉花 6 388.87 hm²，总产 6 890.91 t；种植业总产值 25 665 万元。林果总产 3 250.38t，林业产值 1 051 万元。年末大牲畜存栏 1.93 万只，家禽存栏 23.133 万只；畜牧业总产值 12 064万元。水产品总产量 2.27 万 t，渔业总产值 33 805万元。2015 年，黄河口镇农民人均纯收入 12 347元，较垦利平均水平低 2 034元，比 2010 年增长 61.21%，累计增幅较垦利平均水平 74.89%低 13.68%（表 6-1）。

表 6-1 黄河口镇农业发展情况

类 别		单 位	年 份		增长率
			2010 年	2015 年	
种植业	粮食	t	19 300	22 700	17.62%
	瓜菜	t	3 800	4 100	7.89%
	棉花	t	11 026	6 891	−37.50%
林业	林果	t	2 526	3 250	28.68%
畜牧业	大牲畜	头	7 188	8 229	14.48%
	猪	头	6 360	12 900	102.83%
	羊	只	11 600	19 300	66.38%
	家禽	只	208 600	231 300	10.88%
渔业	水产品	t	19 778	22 700	14.77%

数据来源：垦利年鉴（2011 年、2016 年）

项目区内主要涉及的村落为兴林村。兴林村全村共有 125 户居民，367 口人，人均可支配收入 12 562.6元。兴林村农业产业长期以来以种植粮棉为主，2000 年以前多种植小麦，现多种植棉花，2014 年产粮 225t，产棉 107t。

现有家禽养殖户 2 户，外出务工人员 32 人。该村是大中型水库移民村，又是市定贫困村和扶持村集体经济发展试点村，脱贫任务和村集体经济发展任务极其艰巨。

第三节　发展思路与目标

一、发展思路

认真落实党中央国务院决策部署，深入推进农业供给侧结构性改革，遵循农村发展规律和市场经济规律，按照"基在农业、利在农民、惠在农村"的要求，突出食品安全、生态循环理念，依托良好生态环境资源，以市场需求为导向，以坚持农民主体地位，增进农民福祉为出发点和落脚点，以做好承接黄河口生态旅游区辐射带动效应的服务配套为主题，以机制、技术和商业模式创新为动力，培育打造蜜桃种植、鸽业养殖、手工醋酿造等特色吸引点，巩固提升粮棉油等基础产业，重点开发果品、蔬菜等新产业，深度挖掘农业田园资源的生态价值、景观价值、体验价值，探索发展休闲旅游、农耕体验等新业态，延长农业产业链、深挖农业价值链、拓宽农业发展面，充分发挥企业引领示范作用，发挥银行金融服务优势，推动要素集聚优化，推进农村产业交叉融合互动发展，探索适合本地农业农村经济社会健康可持续发展实际需要的田园综合体发展模式，为全面建成小康社会提供有力支撑。在生产方式、管理模式、营销理念、供应链构建、品牌塑造等方面实现全面升级，充分激发农业农村内在发展动能，为农业提质增效、农民就业增收、农村可持续发展注入新活力，全力培育具有示范引领作用的垦利区田园综合体先行示范点。

二、发展目标

通过 3 年的建设，加强农业农村基础设施、增强农业产业支撑、提高公共服务、优化环境风貌建设，实现农村生产生活生态"三生同步"、一二三产业"三产融合"、农业文化旅游"三位一体"，逐步建成以农民合作社为主要载体，让农民充分参与和受益，兴林村集体经济、农业专业合作社、农业企业全面发展的集循环农业、创意农业、农事体验于一体的田园综合体。

具体目标,详见表6-2。

表6-2 项目区建设具体目标

指标大类	具体指标	2018年	2019年	2020年
总体情况	基础设施建设完成率(%)	90	100	100
	总产值(万元)	2 200	2 900	3 234
	带动农户增收(%)	20	30	30
	接待游客人次(人)	8 000	12 000	15 000
农业基础设施	有效灌溉面积(亩)	6 800	6 800	6 800
	有效灌溉面积比重(%)	100	100	100
	农业设施建设面积(m²)	15 427.5	8 415	7 012.5
农业科技水平	良种覆盖率(%)	100	100	100
	测土配方施肥面积比重(%)	90	95	100
农机化情况	综合农机化率(%)	90	95	100
	百亩农机总动力(kW/百亩)	170	180	200
质量安全情况	三品认证种植面积(亩)	1 360	3 400	5 400
	三品认证种植面积比重(%)	20	50	80
节约型农业概况	灌溉水利用率(%)	80	85	90
	废弃物资源化利用率(%)	50	70	80
带动就业情况	新增就业人口(个)	80	120	120
	农户个体经营户增加数量(户)	15	25	25

三、基本原则

(一)共同发展,农民参与受益

坚持为农、贴农、惠农,完善利益联结机制,通过统筹城乡规划、产业融合发展、链条延伸,不断提升农业产业发展活力,丰富农业产业格局,带动农民就业增收,让农民分享田园综合体发展成果。

(二)循序渐进,优势集聚提升

依托现有发展基础,逐步提升农业基础设施建设、农业技术推广、产业培育,深入推进一二三产业融合发展,不断延伸产业链条,找准定位点,突出特色,做专、做精、做强,打造亮点突出、特色鲜明、内涵丰富的田园综合体示范点。

（三）市场主导，主体多元协力

按照"项目集合、资金集中、要素集聚、效益集显"的要求，加大投入力度，提供良好的政策环境和公共服务，充分运用市场手段，发挥项目资金的引导作用和金融资金的撬动放大作用，充分调动企业、合作社的创造性和积极性，吸引工商资本、民间资本参与田园综合体的开发和建设，建立多元化的投融资渠道，加快推进田园综合体发展步伐。

（四）创新创业，强化动能培育

突出农民主体、农民参与，鼓励返乡农民及农民企业家通过创新创业参与田园综合体的建设和发展，通过政策扶持积极培育田园综合体参与主体（农民、合作社、农民参与的企业等），同时，加大机制创新、技术创新，提升田园综合体发展水平，以农业科技为引擎，增强自我发展能力，积极发挥田园综合体的示范推动作用，辐射带动周边地区发展高效农业产业，带动培育市场竞争主体，推动现代农业全面发展。

（五）节约资源，循环持续发展

以高效集约发展为目标，合理利用土地、环境、资金、劳动力等农业要素资源，推进集约化发展，充分盘活土地存量、激活农业发展活力，以效为先，实现效益最大化。加强资源综合利用，大力发展生态农业和循环农业，提高农业资源利用效率，减少农业污染物排放，实现"三化协调"发展。

四、规划依据

（一）法律法规

《中华人民共和国农业法》（修订）（2012 年）。

《基本农田保护条例》（1998 年）。

《中华人民共和国水土保持法》（修订）（2010 年）。

《中华人民共和国土地管理法》（修订）（2004 年）。

《中华人民共和国城乡规划法》（2007 年）。

《农业转基因生物安全管理条例》（2001 年）。

《中华人民共和国农产品质量安全法》（2006 年）。

《山东省城乡规划条例》（2012 年）。

《山东省环境保护条例》（2001 年）。

（二）相关政策文件及规划

《中共中央国务院关于深入推进农业供给侧结构性改革加快培育农业农村发展新动能的若干意见》中发〔2017〕1号。

《国家农业节水纲要》（2012—2020年）。

《全国蔬菜产业发展规划》（2011—2020年）。

《国务院关于加快发展旅游业的意见》〔2009〕41号。

《全国农业现代化规划（2016—2020年）》。

《国务院办公厅关于加快转变农业发展方式的意见》。

《全国休闲农业发展"十二五"规划》。

《山东省旅游业发展"十三五"规划》。

《山东"黄河入海"文化旅游目的地品牌建设规划（2016—2030）》。

《黄河三角洲高效生态经济区发展规划》。

《2016年东营市国民经济和社会发展统计公报》。

《东营市国民经济和社会发展第十三个五年规划纲要》。

《东营市新型城镇化规划（2015—2020）》。

《垦利县土地利用总体规划（2006—2020年）》。

《2016年垦利区国民经济和社会发展统计公报》。

《垦利区国民经济和社会发展第十三个五年规划纲要》。

《垦利区黄河口镇总体规划》。

（三）相关标准与规范

《土地利用现状分类标准》（GB/T 21010—2007）。

《镇规划标准》（GB 50188—2007）。

《食用农产品产地环境质量评价标准》（HJ/T 332—2006）。

《农田灌溉水质标准》（GB 5084—2005）。

《高标准基本农田建设标准》（TD/T 1033—2012）。

《灌溉与排水工程设计规范》（GB 50288—99）。

《供配电系统设计规范》（GB 50052—2009）。

《低压配电设计规范》（GB 50054—2011）。

《电力工程电缆设计规范》（GB 50217—2007）。

《全国农业旅游示范点、工业旅游示范点检查标准（试行）》。

《旅游特色村评定标准》（DB37/T 1083—2008）。

五、实施进度

规划年限为 2017—2020 年, 共 3 年, 分为 2 期进行。

一期为先导发展期: 2017 年 10 月至 2019 年 10 月, 项目启动期和基础设施完善期。建立项目区管理体制, 进行土地平整、场地整理, 完善水电路等基础设施建设。开展项目建设工作, 以效益优先和满足市场需求为主导, 以三产融合类利于快速形成产能和建立项目区形象的项目为重点。着力完善黄河口蜜桃产业、休闲农业两大主导产业的设施水平、规模化程度、科技支撑能力、加工物流体系建设, 形成具有典型区域特色、竞争力强, 且经济、社会与生态效益显著的产业化生产体系; 初步实现项目区的农业由传统型粗放型向精品、集约、高效的田园综合体型现代农业转变。

二期为提升优化期: 2019 年 11 月至 2020 年 12 月, 项目区提升发展、品牌建设和全面推进期。以完善项目区建设、提升品牌为重点, 重点推进多彩田园、蜜桃主题公园、蔬果花园的提升建设。以项目体系的完善构建实现主导产业的转型升级和产业间的融合发展, 并推进项目区田园综合体品牌的打造和推广。

通过 3 年的建设, 在项目区建立完善的农业标准化生产体系、农产品加工物流体系、休闲观光产业体系、科技服务与社会化组织体系等现代农业产业体系, 大幅度提高项目区的综合效益和现代化水平, 全面完成项目区的农业由传统粗放型生产方式, 向精品、集约、高效型现代农业的转变, 使项目区田园综合体的各项指标处于全区领先水平。

第四节　功能定位与总体布局

一、功能定位

根据项目区的发展思路和发展目标, 结合项目区临近黄河口生态旅游区的区位特点及现有的种养殖业、传统加工业等产业基础, 融合村庄特色文化, 项目区在发挥农业生产基本功能的基础上, 结合美丽乡村建设, 以承接黄河口生态旅游区的餐饮、住宿功能为重点, 构建具有吃、住、行、游、购、娱基本旅游要素的功能体系, 实现一二三产融合发展。因此, 项目区的功能定位概括为以下 4 个方面。

（一）绿色农产品生产加工功能

以黄河口蜜桃生产、手工醋加工为核心，以现代农业科技为支撑，进行区域特色农产品生产和加工，打造田园综合体绿色农产品品牌，为黄河口大生态旅游区提供高品质的特色旅游商品。

（二）休闲观光与旅游度假功能

以承接黄河口生态旅游区辐射带动效应为重点，依托项目区优美的田园风光，通过农业产业链条的延伸和创新发展，配套特色餐饮、民宿、休闲娱乐活动，打造极富地域特色的休闲旅游产品，为游客提供一处理想的休闲观光与旅游度假场所。

（三）产业融合发展示范功能

通过提升现有的种养殖产业，创新发展特色食品加工业，延伸发展休闲旅游业，带动商贸与物流业，实现一二三产融合发展，示范带动诸如项目区西北侧龙腾农业火龙果种植设施种植基地等，周边乡村产业融合发展。

（四）基层党群共建平台功能

通过项目区农耕生产、传统农业文化体验等，为垦利石化、垦利农村商业银行及各级政府机关等党员干部，提供党群共建平台，推动党的建设。通过田园综合体项目平台，开展组织共建、培训共抓、活动公办、工作共促，使党建与职工的生产、生活紧密相连，发挥党员帮扶促进村庄发展作用。

二、总体布局

充分考虑项目区内外道路交通状况、资源环境条件现状、土地利用现状、产业现状等基础条件，项目区整体按照"一心·两带·四园"进行规划布局（图 6-1）。

一心：乡村文化体验中心。

两带：田园观光带、滨水休闲带。

四园：多彩田园、蜜桃主题公园、蔬果花园、鸟语果香园。

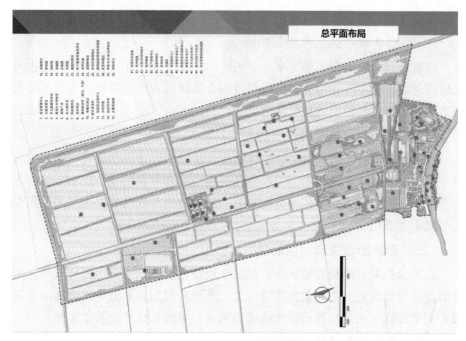

图 6-1　黄河口镇总体布局

第五节　分区建设规划

一、乡村文化体验中心

以现有的村庄为依托，整合村庄历史文化资源，利用空闲旧民居，通过适当改造，建设乡村主题民宿、传统手工酿醋体验馆、乡村博物馆等项目，为游客提供具有兴林村特色的住宿、餐饮及休闲体验活动场所。

（一）位置与规模

位于项目区南部村庄内，规划总面积约 10 000m²。

（二）主要功能

旅游接待咨询、行政办公管理、会议培训、食品加工体验、乡村文化体验、餐饮、住宿、购物。

（三）建设内容

1. 综合服务区

行政办公与旅游咨询服务中心：位于村庄中南部，规划建设面积500m²。建筑采用砖混结构，外观设计风格与整体乡村环境相协调。主要作为行政办公、参观接待、旅游信息咨询等综合服务区域，一方面承担各功能区日常管理办公，政府及企事业团体参观接待、文娱活动组织管理工作；另一方面为游客提供餐饮、食宿、休闲活动等方面的信息咨询、农产品网上预订及配送、露营等设施设备的租赁、导游等服务。

党建与培训中心：临近办公区，规划建设面积300m²，建筑结构与建筑风格与办公中心一致。主要用于开展工会、团委、妇联及企业干部职工培训与党员教育培训，群团干部的教育培训。同时，积极发挥党组织的领导核心作用，针对农民开展政策宣讲、技术培训等工作，带领群团组织开展"双学双比""巾帼建功""巾帼文明岗"等活动；开展"群团当先锋""比工作、比奉献"和以比、学、赶、超为内容的"双学、双比、双促"活动；开展典型示范、优秀表彰等活动，加强党群共建工作。

生态停车场：规划总面积约1 500m²，作为小汽车和旅游巴士集中停车区域。主要是应用透气、透水性铺装材料铺设地面，并间隔栽植一定量的绿化植物，形成绿荫覆盖，将停车空间与村庄绿化空间有机结合，建设成环保低碳、使用寿命比较长的停车场。具体建设如下：上有遮挡物，种植适宜树木为车遮阴，降低车内温度，减少能源消耗，增加人的舒适感。下有绿化停车面，采用通气、通水材料，让雨水回归地下，调节地面温度。分设出入口，设置绿化隔离线、停车线、停车分区及回车线等，使布局、运转、流程合理。

2. 主题民宿区

利用村内闲置的民居和可利用的宅基地，建设乡村主题民宿3处，每栋建筑面积约100m²。建设四合院一处，建筑面积160m²。民宿和四合院在保持原有的房屋框架和单层主体结构的前提下，进行改建和装饰，改建和装饰风格体现黄河口区域文化特色，民宿内部配套现代化的住宿设施，外部应用乡土植物进行美化绿化，为游客提供舒适温馨的住宿环境（图6-2）。

3. 餐饮服务区

临近民俗区，建设餐饮服务区，规划用地面积约1 000m²，包括餐饮区

图6-2 黄河口镇主题民宿区

600m²、美食体验工坊400m²。

餐饮区主要依托现有民居进行改扩建，内部装饰设计风格体现黄河口乡村餐饮文化特色，按照单次接待容量达200人进行餐位和厨房设计。主要挖掘地方农家美食，组织擅长厨艺的村民，为游客提供本地特色的农家餐饮服务，品尝淳朴、地道的乡村美食。

美食体验工坊主要面向外地游客及镇、村中小学生开展本地特色美食小吃制作体验活动。通过对现有的民房外部进行适当的改扩建，内部按照现代化的厨房的形式进行设计，作为美食体验培训教室。选用本地自产的优质安全农产品，配套其他材料和制作设备，在专业厨师的指导下，游客可学习体验美食餐点的制作过程。

4. 特色农产品市集

临近餐饮服务区，规划用地面积约500m²。采用轻钢板房形式，内部配置适宜售卖农产品的货架，主要销售项目区生产的各种特色品牌农产品。项目区周边种植户自产的特色农产品（如红心火龙果）也可在这里售卖，无品牌的农产品均需展示生产者的基本信息，使购买者了解所购产品由谁生产，确保产品品质和安全，同时，对于农户起到安全生产监督作用，有利于打造个人品牌，提高产品的知名度。

5. 手工酿醋体验馆

位于村庄南部，综合服务中心西侧，规划建设面积约 1 000m²，在原有房屋结构基础上，按照传统古朴的建筑风格进行改建和扩建。创新传承黄河口镇地区具有 40 多年历史的手工酿醋工艺，建设手工酿醋体验馆。内部通过视频、图片等形式展示介绍黄河口镇地区手工酿醋的发展历史及传统手工艺特色。实景展示传统手工酿醋的设施设备及加工过程，游客可提前预约体验手工酿醋工艺过程。打造黄河口古法酿造绿色醋产品品牌，设置醋品尝和展示区，游客可品尝、购买，也可预订。

6. 黄河口乡村博物馆

紧邻综合服务中心，规划建设面积 500m²。以现有的民房结构为基础，按照传统古朴的乡村风格进行适当的改扩建。内部主要通过一些展板、图片、实物，如传统农业生产工具、食品加工设备、生活收藏品等进行展示，供游客了解乡村发展历史，了解传统乡村生活习俗、节庆活动等乡村文化，感悟乡愁。配套可以开发一些手工艺品，供游客购买，作为旅游纪念品。

二、田园观光带

基于农田、果林、蔬菜种植构成的大地田园景观，内部配置游步道、秸秆景观雕塑、观景摄影平台、田园风景画廊等，满足游客体验田园风光需求。

（一）位置与规模

项目区农田、桃园及蔬果园内，规划总长度约 5.2km。

（二）主要功能

漫步、骑行、观光、摄影。

（三）建设内容

1. 田间游步道

充分利用田间生产道路，在油葵花田内建设宽 1m，高 0.5m 木栈道，采用防腐木材质。在农田、果园、菜园内，建设宽 1.5~2m 步行或骑行道，采用硬化土路形式，两侧种植石竹花、翠菊、鼠尾草等进行装点。游客可在田间漫步、骑行、拍照留念，感受身处田园美景中的快乐。也可作为婚纱摄影的取景地。游步道作为观景步道，分为花海步道、麦田步道、阳光步道、桃花步道、蔬果花园步道五部分，串联各景观节点，将农作物种植区、桃树种植区、蔬果种植区联通。

2. 秸秆景观雕塑

在农作物种植区，充分利用本区域的大麦、小麦及玉米等农作物秸秆，通过艺术创意，制作具有地域特色的秸秆景观雕塑 9 处。雕塑沿游步道设置，供游客拍照留念。

3. 观景摄影平台

选择农作物种植区及水蜜桃种植的适当观景和摄影区域，建设 $30 \sim 60 \mathrm{m}^2$ 观景摄影平台 3 处，平台采用木质结构、挑台式设计手法。游客可登上平台，从不同角度欣赏整体乡村田园风光，美丽花海景观。也可在平台之上进行摄影采风、绘画写生。

4. 田园风景画廊

沿游步道搭建一处展示乡村田园风景画的画廊，总长度约 10m，跨度约 3m，主体采用木质结构。主要通过与学校合作，展示中小学生的田园风景画作品，激发小学生发现家乡之美，为家乡自豪的情感，同时，培养学生对绘画的热爱。

三、滨水休闲带

充分利用现有的水资源，打造滨水湿地景观，进行以观赏和休闲垂钓为主的特色水禽养殖和鱼类等水产养殖，开展垂钓、划船、水上拓展等休闲娱乐活动，为游客提供生态环境优美的滨水休闲活动区域。

（一）位置与规模

位于项目区南部，规划总面积约 200 亩。

（二）主要功能

净化水源与美化环境、观景摄影、水禽与水产养殖、休闲垂钓、水上娱乐、管理服务。

（三）建设内容

1. 湿地景观带

沿水库两岸，打造湿地景观带，规划总面积约 10 亩。根据区域的立地条件，岸边种植中国柽柳、白蜡、榆树等绿化树种，两侧水岸选择适宜的水生植物，如芦苇、荷花、睡莲等，构建种类丰富的水生植物群落结构，满足水禽栖息，同时，可以吸引各种昆虫、鸟类、鱼类等，实现水生生态结构的完整性、景观的多样性（图6-3）。

图 6-3 湿地景观带

2. 特色水禽观赏区

充分利用水库资源，在水库的西部，探索养殖一些特色水禽和优质的家禽，如大雁、野鸭、白莲鹅等，在水面中央建设人工湿地小岛，配套禽舍等设施，供水禽栖息。基于项目地处于限养区范围内，总体养殖规模控制在20只以内，主要作为特色景观，供游客观赏、拍照留念等（图6-4）。

图 6-4 特色水禽观赏区

3. 休闲垂钓区

在水库东部，规划建设面积 20 亩。沿湿地景观带，养殖一些特色淡水鱼类，如鲫鱼、黑鱼、青鱼、鲤鱼等。可以春季投放一些鱼苗，垂钓旺季适当补充一些成鱼，其中，鲫鱼规格每尾 0.1~0.5kg，鲤鱼每尾 0.5kg 以上，黑鱼、青鱼每尾 2kg 左右。配套建设宽 1m，高 0.7m 木栈道，采用防腐木材质。设置木质结构的简易遮阳（避雨）篷 6 处，为游客提供休闲垂钓的区域。

4. 水上娱乐区

在水库中部，规划 50 亩水域范围内，开展水上碰碰船、水上拓展、划船捕鱼等水上休闲娱乐活动。配套建设 100m² 的木栈道码头，提供 15 只左右的碰碰船、10 只左右独木船（具体设备可根据游客情况分期购买）及水上游乐设施，丰富游客的休闲旅游活动内容。

四、多彩田园

根据市场发展潜力需求，选择优质农作物品种进行农业规模化、标准化种植。同时，通过适当的作物选择以及季节的变换，呈现多彩田园大地景观。在不同的生产季节，游客也可以参与种植、管理、采收等过程，体验农耕的辛苦和收获的乐趣。

（一）位置与规模：

位于项目区北部，总面积约 5 500 亩。

（二）主要功能

绿色农产品生产、加工、观景与摄影、休闲体验。

（三）建设内容

根据项目区土壤条件及区域适宜的作物种类，划分以下种植区（各种植区的规模可根据市场需求情况及时进行调整，种植区布局适当进行轮作倒茬）。

1. 油葵种植区

位于园区北部，规划种植面积约 500 亩。因葵花籽油富含不饱和脂肪酸——亚油酸、维生素 E 等，不含胆固醇，经常食用有降低胆固醇、高血压、高血脂、防治心脑血管疾病等功效，具有较好的保健作用，市场前景较好。选择出油率高、抗性强的春播和夏播油葵品种进行两季种植，按照绿色农产品生产标准进行标准化种植管理，为高品质的葵花籽油生产提供优质原料。同时，油葵种植呈现的花海景观，为项目区的田园风光增添一抹亮色。

2. 小麦/彩棉种植区

位于园区中北部，规划种植面积1 800亩。垦利黄河滩区小麦是知名的地理标志农产品，彩棉是采用现代生物工程技术培育出来的一种在棉花吐絮时纤维就具有天然色彩的新型纺织原料，符合国家关于发展特色农业，推进农业转型升级的指导方向。因此，选择小麦与彩棉进行轮种，为知名品牌的食品加工企业和纺织品企业提供优质面粉原料和优质皮棉。项目区也可与食品加工企业合作开发由小麦加工的特色食品，作为项目区的旅游商品。

3. 小麦/花生种植区

位于园区中东部，规划种植面积1 000亩。黑花生内含钙、钾、铜、锌、铁、硒、锰和8种维生素及19种人体所需的氨基酸等营养成分，还富含硒、铁、锌等微量元素，越来越受到市场的欢迎。因此，选择适宜区域条件的黑花生等特色优质花生品种进行轮种试验示范。按照绿色农产品生产管理标准，进行标准化种植。花生产品可经过简单的特色化包装并注册品牌，作为旅游商品或特色农产品销售。

4. 专用玉米/杂豆种植区

位于园区中西部，规划种植面积1 200亩。探索种植鲜食玉米、爆粒玉米、高淀粉玉米等专用玉米品种，提升玉米产品品质，增加产品价值，降低市场波动风险，实现提高单位土地面积经济效益的目的。豆类的营养价值非常高，我国传统饮食讲究"五谷宜为养，失豆则不良"，随着人们对健康养生的关注，对杂豆及其加工的食品的需求也逐渐增加。同时，豆类作物的种植还可以培肥地力，改善土壤条件。因此，选择适宜区域条件的优质甜糯玉米品种与红豆、绿豆等特色杂豆品种进行轮种，按照绿色农产品生产管理标准，进行标准化种植。生产的玉米、杂豆等产品作为村庄特色餐饮的食材，同时，作为本村特色旅游商品或特色农产品销售。

5. 油用牡丹标准化种植示范区

位于园区的西部，规划种植面积约800亩。油用牡丹是一种新兴的木本油料作物，具备突出的"三高一低"特点：高产出（五年生亩产可达300kg，亩综合效益可达万元）、高含油率（籽含油率22%）、高品质（不饱和脂肪酸含量92%）、低成本（油用牡丹耐旱耐贫瘠，一年种百年收，成本低），具有很好的发展潜力。同时牡丹花期具有很好的观赏价值，形成美轮美奂的牡丹花海景观，为多彩田园增添一抹亮丽的色彩。

6. 生产管理区

位于北部村庄内，规划总面积约 200m²。主要利用村庄内现有闲置民房进行改造，在保持原有框架结构的基础上进行外部的改建或扩建，内部按照一般办公的标准进行改造和装修。管理中心主要承担园区的日常办公、生产管理、质量监督检测等工作，确保该区域有序运营。

7. 加工包装区

位于北部村庄内，对现有的空置房屋进行改建和扩建，建设总面积约 6 000m²的加工中心，主要加工自产的农产品，在加工能力范围内，也可接受一些委托加工业务。

建设小型食用油加工厂，建筑面积约 3 000m²，配套食用油精炼油加工设备生产线 1 套，包装设备 1 套，按照绿色农产品加工标准要求，进行绿色优质食用油产品的加工。

建设家庭型优质面粉加工厂，建筑面积约 1 000m²，配套小型全自动磨面机 1 套，包装设备 1 套，根据加工程度的不同，加工不同等级的优质面粉，满足制作各种面食的需要。

建设鲜食玉米加工厂，建筑面积约 1 000m²，配套相关的初加工和包装设备，经过原料优选→剥叶去丝→修整、清洗、分级→漂烫→冷却装袋→真空封口→高温杀菌→冷却→保温检验→装箱入库等工艺过程，对项目区生产的部分鲜食玉米进行加工包装。

建设花生及杂豆包装厂，建筑面积约 1 000m²，主要对采收的农产品进行初步的加工、分选、包装，配套包装设备 1 套。

加工的产品均统一注册品牌，作为项目区的特色旅游商品。游客可参观体验加工过程，了解安全健康农产品的加工过程。可直接购买产品，也可网上购买，直接配送到家。

8. 仓储物流与有机肥加工区

位于北部村庄内，规划建设面积约 5 000m²。建设仓储库房 500m²、冷库 1 000m²、停车场 500m²、晾晒场 1 000m²，满足仓储、物流及收获的农产品晾晒等需求。

建设有机肥加工区 2 000m²，配套相应的加工和发酵设备，主要对项目区的秸秆、加工厂产生的废弃物及项目区其他种植废弃物等进行加工，生产有机肥料，满足项目区种植对于肥料的需要。通过废弃物的再利用，实现项目区农业的循环发展，循环农业模式，见图6-5。

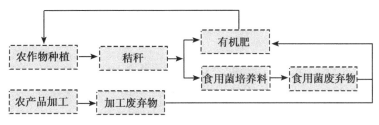

图 6-5　循环农业模式

五、蜜桃主题公园

以现有的露地及设施黄河口蜜桃种植为基础，适当引进山桃、油桃、蟠桃等不同花期和果期的桃树品种，探索在桃树林间或林下进行花草种植，结合林间游步道、观景平台，将桃园打造成桃花主题公园。林下进行观赏蛋禽、特禽养殖，林间适当设置雕塑小品、露营区，开展果品加工体验、桃木制品加工体验等活动，将桃园打造成蜜桃主题休闲公园。实现可赏桃花、摘鲜桃，也可赏特禽、拾鲜蛋、露营野餐、体验鲜桃加工、桃木工艺品制作等，丰富桃园的休闲旅游活动，延长蜜桃产业链，提高桃园的经济效益。

（一）位置与规模

位于项目区中部及西南部，规划总面积约700亩。

（二）主要功能

水蜜桃生产、观光采摘、露营野餐、休闲体验、管理服务。

（三）建设内容

1. 林间花草种植区

位于桃园西北部，规划利用桃园面积100亩。充分利用现有的林间空地，选择既具有较好景观效果又具有除虫防病害功能的多年生花卉品种，如除虫菊、香雪球等，进行林间种植，打造林间花草景观带。花草景观与桃花景观相辅相成，相互补充，满足不同季节游客观花、赏景的需求。

2. 林下蛋禽观赏区

位于桃园中西部，规划利用桃园面积约203亩。充分利用现有桃树林下空间，合理配套建设禽舍，进行小规模的多品种蛋禽养殖，逐渐建成林下蛋禽种质基因库。不同品种养殖规模控制在10只以内，主要供游客了解不同蛋禽品种相关科普知识、体验捡拾禽蛋等乐趣。桃树间，沿游步道，分散放置3~5只观赏鸟，使游客在漫步桃园之中时，能感受到鸟鸣花香的桃园环境。

3. 露营野餐区

位于桃园东北部，利用林间空地，总面积约100m²，搭建帐篷露营地、野餐区，配套秋千、跷跷板等休闲娱乐设施，为游客提供桃花林下环境优美的户外休闲活动场所。

在桃林间空地，搭建临时性设施，配套相关设备，开展水蜜桃加工体验、桃木工艺品加工体验等活动。游客在专业人员的指导下，学习体验水蜜桃酒、水蜜桃果酱、水蜜桃罐头、桃木手链、桃木剑等加工过程。自制的产品可通过创意包装，作为特色旅游纪念品赠送亲朋好友，园区也售卖自制的水蜜桃酒、水蜜桃果酱、水蜜桃罐头等水蜜桃加工产品，游客可直接购买，也可网上预订购买，配送到家。

4. 新品种引种试验区

位于桃园西南部，依托正在建设的4栋阴阳棚日光温室，开展设施桃和食用菌的一体化生产示范。规划新建阴阳棚设施温室1~2栋。温室南北宽度16.5m，长85m，高3m，按照棚面恒载0.3KN/m²，基本风压0.5KN/m²，基本雪压0.4KN/m²的基本要求进行设计。阳面主要引进不同成熟期的优质桃树品种、盆栽桃树品种进行种植试验示范，满足园区桃树品种的及时更新、丰富桃树种类的需求，延长桃花观赏、采鲜桃的时间，同时，满足游客把桃树带回家的需求。阴面可引进优质食用菌品种，如羊肚菌等，进行试验种植，丰富现有食用菌的种植种类和品质。

5. 包装及仓储中心

规划建设面积200m²。配套桃树种植，采用简易彩钢结构，建设水蜜桃的包装、冷藏库150m²，生产资料的仓储库50m²，满足水蜜桃产业发展需要。

六、蔬果花园

选择适宜区域环境条件的高品质蔬果品种，采用露地种植和日光温室设施种植模式，参照花园的设计手法科学设计蔬果园的品种布局，形成花园景观。根据蔬果品种特点、种植模式等，构建不同主题园，每个主题园设置标识，介绍说明主题园的特色、种植的主要品种、营养价值、食用方法等，各主体园均按照绿色农产品生产标准,进行标准化种植管理。配套特色生态餐厅,为游客提供即采即食的健康美味。

(一) 位置与规模

位于项目区东南部,规划面积约 230 亩。

(二) 主要功能

绿色蔬果生产、观景采摘、休闲科普、餐饮服务、生产服务管理。

(三) 建设内容

1. 辣味园

位于花园入口,规划种植面积约 5 亩。主要通过施用有机肥,改良土壤,种植一些适宜区域气候环境条件的、具有辛辣味道的优质蔬菜品种,如大蒜、大葱、韭菜、樱桃萝卜等,在作为食材的同时,可以减少园内一些病虫害的发生。按照花园的设计方法进行种植布局。

2. 花草园

位于辣味园南侧,规划种植面积约 5 亩。主要试验种植一些食用花卉,如大花萱草(黄花菜)、食用菊花、食用玫瑰等,探索丰富蔬菜种类,同时,美化蔬果花园的景观效果。

3. 设施园

位于园区中北部,规划建设面积约 80 亩。建设与蜜桃主题公园内相同标准的阴阳棚设施温室 20 栋,其中,一期建设 10 栋,二期建设 10 栋,满足蔬菜、食用菌冬季生产需要。主要选择种植日常需求较多的优质蔬菜品种和草莓、甜瓜等瓜果类品种,香菇、平菇等技术较为成熟的菌菇栽培品种,为冬季游客及村民提供丰富的食材。

4. 乡味园

位于设施园东侧,规划种植面积约 20 亩。挖掘黄河口镇区域传统的乡土蔬果品种,采用传统的生态种植管理技术,为村民及游客提供具有家乡味道的原生态蔬果产品,作为蔬果花园的特色品牌产品。

5. 野菜园

位于乡味园南侧,规划种植面积约 20 亩。主要引种本地区特色野菜品种,如黄须菜、苦苦菜、龙须菜等,按照绿色农产品标准,进行标准化种植管理。

6. 瓜果园

位于园区的中部，规划种植面积约 90 亩。引进一些适宜本地区环境条件的优质特色瓜果品种，如西瓜、甜瓜、草莓、樱桃、杏、石榴、大枣等进行种植试验示范，丰富项目区瓜果种类。

7. 花园餐厅

位于瓜果园内，规划建设面积为 1 536m^2 的智能温室。温室按照南北 48m，东西向 4 个 8m 开间进行主体设计，基本配置包括主体骨架系统、天沟集露系统、覆盖系统、外遮阳系统、内遮阴系统、自然通风系统（顶开窗系统）、强制通风—降温系统（风机、湿帘系统）、补温系统、内循环系统、配电及控制系统等。温室内部运用现代设施园艺技术种植瓜果、蔬菜以及绿植墙等进行装饰，与外部环境相呼应，构建舒适的生态就餐环境。按照单次最大接待容量 300 人进行餐位和厨房设计，餐位分为个人餐位和团体餐位。餐厅全部采用项目区内生产的高品质绿色食材，游客可根据菜谱亲自准备食材，体验即采即食的特色就餐过程。餐厅也可接待企业团体就餐、生日聚会、婚宴等。

8. 包装及仓储区

规划建设面积约 200m^2，采用简易彩钢结构。建设蔬果产品的包装、冷藏室 150m^2，生产设备、生产资料等仓储库 50m^2，满足园区蔬果产品生产、加工及临时存储等功能。

七、鸟语果香园

依托垦利区东方肉鸽专业合作社，以现有的肉鸽养殖及苹果种植为基础，通过与相关科研院校开展合作，提高产业的科技内涵。适当引进其他种养殖品种，打造鸟语果香的独特环境，通过开展科普观赏、休闲体验等活动，丰富产业内容，延长产业链条。同时构建"禽—果"种养结合循环农业产业模式，实现养殖废弃物的再利用和有机水果生产，提高产品价值。

（一）位置与规模

位于项目区西北部，规划面积约 200 亩。

（二）主要功能

肉鸽标准化繁育与养殖技术研究与示范推广、鸽子主题科普观光、有机果园标准化种植示范及休闲采摘、种养结合循环农业模式示范、新型农民教育培训。

（三）建设内容

1. 鸽业养殖示范基地

规划建设面积 25 亩。以现有的垦利东方肉鸽专业合作社已建成的肉鸽养殖与繁育设施设备为基础，通过与中国农科院家禽研究所等肉鸽养殖与良种繁育相关的科研院校开展合作，进行良种繁育与高品质肉鸽标准化管理技术研究，对现有肉鸽品种进行更新和养殖管理技术提升。通过开展养殖示范，发展肉鸽初步加工产业，打造特色品牌，提升基地产业融合发展水平，不断扩大辐射带动范围。发挥东方肉鸽合作社培训基地的示范引领作用，办好"基地课堂"，围绕农业产前、产中、产后各个环节开展"知识+操作+管理"一体化培训，提升项目的创新创业孵化能力。在巩固提升肉鸽养殖的基础上，积极引进开展观赏鸽养殖，优化养殖品种结构，提升基地效益，促进可持续发展。建设养殖粪污处理设施，利用养殖粪污处理后生产有机肥，实现污染零排放。

2. 黄河口鸽子文化馆（鸽剧院）

临近养殖基地，建设以鸽子为主题的科普文化馆，规划建设面积约 1 000m²。采用与现有养殖基地相同的建筑结构，建设风格体现鸽子主题特点。文化馆内部设置鸽子科普文化长廊，通过图文展板、多媒体及声光电等多种形式，展示介绍鸽子的种类、特点及其他相关的科普知识；设置鸽剧院，开展鸽子相关的各种表演活动，包括室外信鸽放飞、短程赛鸽竞翔等活动；设置产品展销区，展示园区与鸽子相关的各种食品和相关的工艺纪念品等，在使游客了解鸽子的相关知识，感受其中的乐趣，增强保护自然的意识的同时，提高养殖基地的知名度，促进产品的市场推广。

3. 有机苹果休闲采摘园

规划建设面积约 160 亩。以现有的富士苹果种植为基础，适当引进不同成熟期的其他优质苹果品种进行引种种植试验示范，延长休闲采摘时间。同时，通过与肉鸽养殖基地合作，将果园作为鸽子放飞基地，开展林下肉鸽养殖。施用以鸽粪为主要原料有机肥，按照有机农产品种植管理标准进行有机苹果的标准化种植，提高果品的价值。

第六节　基础设施规划

一、道路交通

道路布设须满足生产、运输、救护、消防、旅游等需要，规划综合考虑项目区的产业布局状况，尽可能利用现有道路，减少新规划道路，如因农业生产需要增减道路，应尽量尊重当地的地质和地形情况，尽量不破坏地表植被和自然景观，规划道路既要满足项目区通行和消防需要，也要符合农田整治要求。

（一）基本原则

合理利用地形，因地制宜地选线，力求达到"短、捷、顺"。

同当地景观和环境相配合，对景观敏感地段应用直观透视演示法进行检验，提出相应的景观控制要求。

充分考虑合理的步行服务，构建贯通各个功能区的漫步系统，体现出对人的细致关怀。

（二）交通组织

1. 项目区出入口

项目区于南北主路的北端处设置主要出入口。

2. 项目区道路

立足地方的自然条件和现状特点，综合采用方格网式、自由式道路系统，科学、合理地进行道路系统布置。以自然流畅的电瓶车道贯穿整个项目区，将各功能区和主要景观节点联系成一个整体，电瓶车可以方便地到达各主要功能区的入口。

道路布设须满足生产、运输等需要，项目区南北主路规划宽度为5m，为已修建水泥路。其他主要生产路宽度为3m，游步道2m，建议用泥结碎石或素土夯实筑成。

各组团内部还辅以灵活自由的步行系统，漫步道的设计与景观系统和地形相结合，让人们能够从不同的角度和高度来体验各种不同景观。

3. 停车场

根据项目定位的要求，建议项目区在主体建筑、集中活动区域设置集中停车场，以满足项目区的办公、生产、旅游的需求。基于方便使用的原则，采用集中与分散停车相结合的布置方式，灵活布置停车场地。乡村文化体验中心服务区设置外来车辆停车场，共 36 个小型停车位、12 个大型停车位；于北入口、多彩田园与蜜桃主题公园交叉口、乡村文化体验中心服务区设置电瓶车停车场。小型车位 3m×6m，大型车车位 4m×15m，电瓶车位 1.5m×4m。

二、给排水

用可持续发展的观念，经济合理、长期安全可靠地供应人们生活和生产活动中所需要的水以及用以保障人民生命财产安全的消防用水，并满足其对水量、水质和水压的要求；同时，组织排除（包括必要的处理）生产废水、生活污水和雨水。做到水有来源，排有去处，满足生产，方便生活，改善环境，为发展生产和提高生活水平服务。

（一）给水规划

1. 现状概况

项目区水源主要为地下水、地表水和自然降水。村南已修建占地 200 亩的蓄水水库，并于水库北岸、项目南北主路南端建设提升泵站，沿主路铺设400m 输水管道，可满足生产用水的基本需求。生活用水取自市政供水管网。

2. 水源规划

沿已有输水管道，延长铺设自压管道至各个生产区，进行田间灌溉。涉及温室无土栽培的用水单元，建议设立独立水池，采用水质净化处理装置（如 RO 反渗透净化水系统）净化水源，以保证无土栽培的生产安全。

3. 管网规划

建议项目区供水管网采用树状网，管径大小根据项目区用水量酌情设置，并预留一部分富余量。

项目区生活管网：规划建议给水管网为生活、消防合用管网，布置在人行道的东、南侧。

项目区农业生产管网：项目区农业生产管网要在现有农业灌溉系统的基础上，合理布局，使其充分满足项目区农业生产需要。要根据作物种植要求及采用的灌溉技术，要求输水管要适合灌溉的要求。要因地制宜，结合首部位置和作物最佳种植方向的要求，使管道总长度最短和尽量少穿越其他地物。确保作物用水要求，调水便捷，管理维修方便。

4. 重点建设项目

自压管道节水灌溉工程：根据各功能区特点，对灌溉设施条件较差的区域进行管网建设，针对部分设备、设施年久失修和老化问题，进行设施设备维护更新，全面提升农田灌溉系统保障能力。

供水工程：项目区要做好供水设施、管网以及相关配套设施的建设和维护，统一管理，做好日常管护，保证供水的水量和水质安全。

节水工程：完善管网建设，发展集水储水事业，实施供水系统节水工程、田间灌溉节水工程，扩大工程面积，升级改造管网，减少管网渗漏，充分发挥其节水效益。

5. 水源卫生防护措施及建议

卫生防护地带和防护措施，应参照我国《生活饮用水卫生标准》《生活饮用水水源水质标准》《饮用水水源保护区污染防治管理规定》《中华人民共和国水污染防治法》《中华人民共和国水法》执行并由供水主管部门结合当地卫生防疫部门建立必要的卫生防护制度。

（二）排水规划

1. 规划原则

生活区排水体制采用雨、污分流制，减少对周边城镇污水处理厂的压力。根据地形情况合理布置污水管道，减少管道埋深。生产区雨水就近地排。

2. 排水工程

排水工程担负着项目区雨水和污水排放的任务，应根据项目区实际情况科学确定排水体制。规划建设集中区的雨水经各级雨水沟渠收集后，就近排入临近沿路主干渠，并最终汇聚蓄水池或蓄水井。农田区无雨水收集渠的就近地排。

生活区污水管网呈树状布置，充分利用地形，将污水主干管布置在地势较低的地方，尽可能在管线较短和埋深较浅情况下，让最大区域的污水自流排入项目区污水干管，最终汇入城镇污水干网。

三、电力电讯

项目区紧邻兴林村，电力网络覆盖全面，高低压电力线路通畅，电力配套设施齐全，通讯线路已铺设到位。完善的电力及通讯设施，可为项目的实施提供便利条件。

(一) 电力工程

1. 基本原则

协调发展、保障供给、适度超前，全面满足项目区发展用电需求。

建立满足电力线路需求的通道系统，架空线路尽量减少对项目区土地使用影响。

科学合理地设置电网等级。规划电压等级为 380V、220V。

改造完善现状电网，提高供电质量和可靠性。调整和改造现有中、低压配电线路，合理均衡地分配用电负荷。

符合《农村电力网规划设计导则》《农村电网建设与改造技术导则》《国家电网公司系统县城电网建设与改造技术导则》等规程规范中的规定。

2. 电网规划

项目区外接市政电网，根据项目区需要在项目区北部设立 500kVA 变压器。项目区电力线路采用架空方式敷设。全面改造项目区电网，提升供电能力，满足项目区电力快速增长的需求。同时，积极发展绿色能源。

加强配电网提升改造。按照"密布点、短半径"的原则，形成电力线路"手拉手"的总体布局，优化网络结构，提高电网供电的可靠性。

制订合理的配电台区。根据项目区用电负荷、电力分布、地形等综合因素，依据《农村电网建设与改造技术原则》，重点改善项目区电力网络布局和结构，新建和改造结合，以供电安全、合理、可靠为前提，合理确定变压器的位置，配变按"小容量、密布点、短半径"的原则进行布点，合理选择变压器容量，淘汰高耗能配变。

降损节能，改善电能质量。加装补偿装置，实现无功优化，更新和改造高能耗的电气设备。

加强配电网的过电压保护。配电线路保持正常的绝缘水平，防止直接雷击事故，将配电变压器作为配电网的防雷重点，严格做到"台台设备有保护，条条线路有重合"的基本要求。

做好电能计量与负荷监控。加强户表工程，完善计量管理，进一步提高计量的准确性，确保做到统一管理。

3. 道路照明系统规划

规划项目区路灯用电采用独立的供电系统，道路照明电源由户外路灯变电站提供220V电力，供电半径500～800m；道路照明由临近的电力管网提供，道路两侧与公共中心周边按照50～100m的间隔设置路灯。道路路灯采用单侧布置。灯源可采用高压钠灯和荧光灯。路灯控制可采用时控、光控或时、光混合控制。

（二）通信工程

网络是联络项目区与外界的高速信息通道，因而也将成为项目区建设的重要内容。

1. 基本原则

协调发展、保障供给、适度超前，全面满足项目区发展的通讯需求。

科学合理地设置通讯基础设施。

统一规划通信管网。

2. 重点项目方案

网络建设：项目区可采用有线网络接入与无线wifi服务建立相结合的方式，实现项目区重点区域有线/无线互联网全覆盖。同时，结合移动互联网（3G、4G）建设，打造项目区移动互联网全覆盖。

管线规划：通讯主干线主要沿主干路两侧铺设，宜采用电缆沟方式，新建道路应预留电缆沟位置。地下通讯管网统一规划、统一建设、统一管理，通讯管道孔数应满足市话、长话、非话数据通信、有线电视和其他各类公共通信业务的需求，合理分配管孔资源。

四、热力系统

兴林村周边在建燃气管道，待修建完毕可满足燃气供热。规划项目区热力系统以燃气锅炉供热为主，以太阳能、沼气等清洁能源供热为辅助，适度利用电空调供暖。规划新建燃气锅炉一处，位于花园餐厅东部，以满足项目区热力系统供热需求。

根据项目区温室生产条件要求，冬季温室内部温度不低于15℃，以保证温室生产的正常化。项目区智能连栋温室设施生产供热以燃气环保锅炉供暖为主。日光温室采取太阳能主动蓄热手段和覆盖保温形式，在冬季基本不需要辅助加温即可生产。项目区服务办公区域可依靠电空调供热的手段满足供热需求。

五、防灾减灾

项目区防灾减灾规划主要涉及气象灾害、地震灾害、水利防洪、消防安全等方面的内容，防灾减灾要坚持一手抓生产技术推广，一手抓防灾措施落实，实行主动避灾，推进有效防灾，开展积极救灾，做到防在灾害前面、救在第一时间、抗在关键时点，最大限度减轻灾害损失。

（一）基本原则

以防为主，防、抗、救结合，提高综合防灾减灾能力。

统一领导，统筹协调，分级负责，分工协作，建立协调统一的综合防灾减灾体系。

突出重点，集中资源，保证重大减灾项目的实施。

推进科技进步，提高防灾减灾工作科技含量。

（二）建设方案

1. 气象防灾减灾体系

项目区气象灾害主要有旱、涝、干热风、冰雹、大风、霜冻、连阴雨等。建设高效能的灾害性天气预测预报预警系统，加强防灾服务工作，对搞好全局性防灾减灾工作具有重要意义。建立冰雹监测和作业预警系统、作业指挥通信系统，形成完善的气象保障体系。

2. 防洪抗旱体系

防洪抗涝工程：坚持"标本兼治，综合治理"的防御策略，优化、调整、补充水文站网，根据国家《防洪标准》（GB 50201—2014）规定，按20年一遇防洪标准设计，构建防洪抗涝安全工程体系。对沿项目区干路设置雨水收集口和排水管道，保证20年一遇洪水过流量。两侧加强绿化种植，建立有效的雨水排放系统。做好项目区绿化工作和防汛工作，积极配合水利防洪部门做好防洪规划工作。

兴水治旱工程：以抗旱节水工程为重点，以水源工程为龙头，蓄、集、引、节相结合，工程措施与技术措施、社会措施相结合，实施兴水治旱战略。加强粮食生产区的节水改造、农业综合开发等工程建设，加快干支渠道衬砌，更新改造老化机电设备，完善灌排体系。

3. 防震减灾体系

抗震设防标准：根据地震危险性分析及《中国地震动参数区划图》（GB 18306—2001），垦利区地震动峰值加速度为 0.1g，对应项目区基本烈度 7 度设防。

坚持预防为主，平震结合的原则，以项目区地震动峰值加速度为设防依据，最大限度地减轻地震灾害造成的损失。

在项目区遭遇相当于地震动峰值加速度的破坏时，能够确实保障项目区内要害系统及重要公共建筑的安全，项目区生命线工程应基本不受影响，重要部门不致严重破坏或能迅速恢复生产，可能引起次生灾害的重要设施不致产生严重后果。

（1）建筑物抗震规划。项目区内一般工业与民用建筑按照《建筑抗震设计规范》（GB 50011—2010）进行抗震设防和构造措施设计。项目区的生命线与主要工程系统（包括供水、供电、供气、交通、通讯、消防、医疗等）的关键生产用房以及大型公共建筑的构造措施应按相关行业标准设防。

（2）避震疏散规划。避震疏散通道：避震疏散通道的选择立足于现有道路的功能及交通能力，重点保障需疏散人员及救灾物资快速、安全、有效地向避震疏散场地输送，疏散半径 300~500m，人均避震的面积不小于 $3m^2$。利用主干路作为疏散通道，疏散通道应保证两侧建筑物倒塌后还有 7m 以上的双向行车通道，同时，必须保证畅通，震前震后一律不得建抗震棚，平时不得安排临时建设。

（3）生命线工程抗震规划。项目区的通信、消防、供水、供电、交通、粮食、医疗等系统，是震灾期间维持整个项目区正常生产的生命线设施，其抗震安全是项目区整体抗震能力的重要组成部分，各区块应该做好震灾时的应急补救措施，对重要项目还应在小区域地震安全性评估基础上提高设防标准，以提高抗震能力。

4. 消防安全体系

项目区必须建立起完善高效的消防体系，为项目区发展提供必要的保障。消防管理工作必须贯彻"预防为主，防消结合"的方针；根据《中华人民共和国消防法》，结合规划布局和规划区自然条件，合理布置消防点。统筹安排消防设施和人员，建立消防救灾指挥系统。

消防给水可依靠项目区供水系统，可与灌溉、雨水收集共用一处水源点，并结合利用池塘、水渠等水源规划建设消防给水设施，综合利用自然和人工水体，作为项目区消防水源。

5.其他防灾减灾体系

水土流失防治工程：以全区生态环境建设为依托，按照各区自然地理和生态环境条件的相似性和差异性，合理配置工程、生物与其他措施，科学调配和利用水土资源，提高植被覆盖率，综合防治水土流失。

农林生物病虫害防治体系：建成覆盖全区，功能齐全，高效运转，快速反应的农作物病虫害预报与控制网络系统。通过试验、示范，探索建立适合实际、便于操作的农药使用标准化技术模型和规程，指导和带动全区农药安全合理使用工作，降低农产品农药残留，增强农产品市场竞争力。

六、公共服务设施规划

自然生态环境是项目区景观资源的核心部分，因此，应当对项目区环境保护实行统一管理。

（一）绿化系统

保持项目区整体风貌与自然环境相协调。保护和修复自然景观与田园景观，开展项目区风貌整治和村庄绿化美化。结合做好绿化美化，改善项目区环境。

（二）环卫系统

厕所：项目区厕所采用生态厕所，粪便的处理应符合现行国家标准《粪便无害化卫生标准》GB 7959 的有关规定。

环卫站：项目区内设环卫站，对项目区垃圾进行分类收集、封闭运输、无害化处理和资源化利用。

废物箱：项目区设置分类垃圾收集容器（废物箱），每一收集容器（废物箱）的服务半径宜为 50～80m。人流密集地段设置间距 25～50m；交通性道路设置间距 50～80m；一般道路设置间距 80～100m。

（三）视频监控系统

依托警务室建设视频监控平台，在项目区各功能板块和主要出入口、广场、停车场等主要公共场所设置视频监控、防盗报警等设施。

（四）标识系统

标识系统包括引导标识、信息标识、公共场所指示标识、禁止标识。标识系统的设计应该系统化、规范化、人性化。此外，标识标牌无尖锐利角、结构安全牢固、便于查看阅读和使用、标识标牌位置布局科学合理等都是人性化标识的设计要求。其设置以方便管理为宜。

第七节　投资效益

一、投资估算

（一）估算依据

（1）国家和地方的相应政策法规。

（2）国家和地方相应的技术标准与规范。

（3）本地和附近地区近几年同类工程的实际造价。

（4）设备投资参照目前市场现价。

（二）估算范围

估算范围包括各项基础设施、建筑工程、设施设备、绿化美化等工程费用及其他类投资估算费用和不可预见费用。

（三）投资估算

项目总投资约 3 895 万元，详见表 6-3。

表 6-3　项目投资估算

序　号	项　目	规　模	单　位	合　计（万元）
一	乡村文化体验中心			600
1	综合服务区	2 300	m^2	160
2	主题民宿区	460	m^2	100
3	餐饮服务区	1 000	m^2	120
4	特色农产品市集	500	m^2	40
5	手工酿醋体验馆	1 000	m^2	130
6	黄河口乡村博物馆	500	m^2	50
二	田园观光带			66
1	游客接待中心	500	m^2	10
2	田间游步道			30

（续表）

序 号	项 目	规 模	单 位	合 计（万元）
3	秸秆景观雕塑	9	个	8
4	观景摄影平台	3	个	15
5	田园风景画廊	30	m²	3
三	滨水休闲带			113
1	湿地景观带	10	亩	75
2	特色水禽观赏区			3
3	休闲垂钓区	20	亩	15
4	水上娱乐区	50	亩	20
四	多彩田园			1 067
1	油葵种植区	500	亩	75
2	小麦/彩棉种植区	1 800	亩	270
3	小麦/花生种植区	1 000	亩	150
4	专用玉米/杂豆种植区	1 200	亩	132
	油用牡丹标准化种植示范区	800		160
5	生产管理区	200	m²	30
6	加工包装区	6 000	m²	150
7	仓储物流与有机肥加工区	5 000	m²	100
五	蜜桃主题公园			497
1	桃树种植	603	亩	240
2	林间花草种植区			5
3	林下蛋禽特禽养殖区			5
4	露营野餐区			5
5	鲜桃加工体验区			2
6	桃树新品种引种试验区			210
7	包装及仓储区	200	m²	30
六	蔬果花园	230	亩	702
1	辣味园	5	亩	1
2	花草园	5	亩	1
3	设施园	80	亩	500
4	乡味园	20	亩	4
5	野菜园	20	亩	4
6	瓜果园	90	亩	27
7	花园餐厅	1 000	m²	150
8	包装及仓储中心	100	m²	15

（续表）

序　号	项　目	规　模	单　位	合　计（万元）
七	鸟语果香园			850
1	鸽业养殖示范基地	23	亩	500
2	黄河口鸽子文化馆（鸽剧院）	1 000	m²	150
3	有机苹果休闲采摘园	200	亩	200
总计				3 895

二、效益分析

（一）经济效益

预计项目建成后，每年可实现直接经济效益3 234万元（表6-4）。

表6-4　项目投资估算

项　目	规　模		产　值（万元）
粮棉油种植	5 500	亩	1 925
蜜桃露天种植	600	亩	480
蔬果露天种植	330	亩	264
设施种植	100	亩	240
鸽业养殖	25	亩	100
旅游接待	15 000	人次	225
合计			3 234

（二）社会效益

项目的实施，产生良好的社会效益，主要表现在如下方面。

有利于保障农民权益，促进农民增收：面对当前新形势、新挑战，当代"三农"问题中的农民问题已不再是简单的"农民增收"的问题，而更主要的应该是农民作为经济和政治主体必须强调的"农民权益"保护。在保障农民权益前提下实现农民增收才是新时代"三农"问题中"农民"问题的核心。田园综合体建设坚持以人为本，充分尊重农民意愿，保障农民权益，通过教育培训、休闲旅游等，促进农民就业，提高农民的农业生产、管理水平和综合素质。不仅能带动地方经济的发展，而且还可有效地带动农民增收，为解决农村富余劳动力就业提供了一条有效的途径。

有利于推进产业融合发展，创建农业农村发展新模式：田园综合体的建设能够通过发挥农业科技成果示范推广、新型生态农业产业模式示范、高品质农产品生产、教育培训、休闲观光等功能，创新农业产业发展方向和经营管理模式，辐射带动周边现代农业的标准化、产业化、品牌化发展，增加农业生产的附加值，创建农业农村发展新模式。同时，田园综合体的建设与发展，可以带动多个产业共同发展，有利于推进地区产业结构调整，带动加工业及生态旅游业的发展。

有利于推进乡土文化挖掘，促进文化的传承与保护：在对项目地进行开发建设的同时，项目将加大对当地乡土文化的保护和挖掘力度，通过与乡村旅游项目的良好结合，挖掘和培养具有当地特色的乡土文化项目，在项目地创造条件掀起文化保护和传承的浪潮，让优秀的乡土文化得到有效传承，保护文化多样性，实现人与自然和谐发展。

有利于促进城乡互动，推动城乡一体化发展：随着收入的增加，人们不再仅仅满足于衣食住行，而转向追求精神享受，观光、旅游、度假活动增加，外出旅游者和出行次数越来越多。一些传统的风景名胜、人文景观在旅游旺季，往往人满为患，人声嘈杂。田园综合体建设，迎合了久居大城市的人们对宁静、清新环境和回归大自然的渴求，拓展旅游休息养生空间，为中小学生、本地居民及外地游客提供了农业科普、休闲旅游的理想场所。

有利于改善服务条件，提升区域整体发展环境：项目的建设是以保护性开发为基本原则的，将有效改善项目区的环境条件和景观条件，形成良好的人居环境和生产环境，为开发区发展提供生态环境保障。同时，大型企业的引进和服务平台的建设，将大大提升项目区的科技实力、服务水平和投资环境，促进项目区整体开发环境地提升。

（三）生态效益

有利于推进生态文明建设，促进绿色发展：田园综合体建设秉持尊重自然、顺应自然、保护自然的生态文明理念，通过高效利用资源、治理环境问题、保护修复生态，缓解农林产业盲目扩张导致的负外部性，保障农业农村的生态安全。

有利于减少农业污染，促进农业可持续发展：田园综合体建设贯彻绿色发展、循环发展、低碳发展理念，最大限度减少农业生产对农业生产环境的污染，实现"一控、两减、三基本"，形成资源利用高效、产地环境良好、生态系统稳定、田园风光优美的农业可持续发展新格局，促进农业可持续发展。

有利于美化生态环境，提高环境质量：田园综合体建设将围绕原有的自然景观，按照生态学原理去设计和建设，能够实现原有自然景观的延伸，对塑造城乡生态型环境，清洁美化人们生活环境，提高环境质量，构建人与自然和谐关系具有重要作用。此外，农作物还具有净化空气、吸附灰尘、保持水土等功能。

有利于丰富品种多样性，优化生态结构：项目通过农业资源保护、开发和新品种引进、研发，不仅能够丰富农业品种、保护物种资源，而且对拓展生物多样性、保护自然生态平衡具有重要的促进作用。

第八节　组织管理与保障措施

妥善处理好政府、企业和农民三者关系，确定合理的建设运营管理模式，形成健康发展的合力。政府重点负责政策引导和规划引领，营造有利于田园综合体发展的外部环境；企业、村集体组织、农民合作组织及其他市场主体要充分发挥在产业发展和实体运营中的作用；农民通过合作化、组织化等方式，实现在田园综合体发展中的收益分配、就近就业。

一、健全组织管理体系

为了保证田园综合体建设项目各项工程的顺利实施，有效地组织开发建设和管理，组织协调田园综合体建设项目各产业部门的工作，按规划要求完成各项生产建设任务，实现预期目标，达到田园综合体建设项目水平，垦利区政府组织成立田园综合体建设项目工作小组。工作小组下设办公室承担田园综合体建设项目建设的日常工作。

田园综合体建设项目工作小组由分管区长任组长，村支书任副组长，合作社带头人任项目组成员，负责田园综合体建设项目建设的协调、领导和服务工作。

二、创新完善管理机制

田园综合体建设项目将坚持以农为本，坚持发挥企业、农村集体组织共同发展，坚持"政府引导、企业参与、市场化运作"的方式，由兴林村村委进行统一管理，参与制定田园综合体建设项目建设总体发展规划。田园综合体建设项目的参与企业、农民专业合作社、农户等经营主体必须按照田园综合体建设项目的总体发展规划进行建设。垦利区人民政府制定田园综合体建设项目招商引资政策，并为各经营主体提供科技、信息、生产、商务和融资担保服务，协助办理企业各项行政审批事项，并对田园综合体建设项目企业、农民合作社和农民利益联结机制进行监管。

三、创新完善规模化经营机制

项目区运营采取"企业牵头、政府扶持、共同推进"的运营机制。政府部门做好各项服务和保障工作，重点打造项目区基础建设，包括项目区交通、土地流转、水利工程、能源利用等建设内容，为企业入驻和项目的顺利实施提供基础保证。企业需要发挥主导作用，按照项目区的农业产业发展和管理的相关政策具体开展建设项目的实施任务，走生态化、标准化、品牌化的发展道路，成为项目区发展主体力量和经济效益主要来源。通过企业带动农户合作生产，进行规划化、科学化、统一化、规范化的种养，优化项目区现有农业产业结构，促进农民增产和增收，加快项目区现代农业发展步伐。

根据田园综合体建设项目发展实际和三产融合发展的要求，按照"依法、自愿、有偿"的原则，鼓励和支持田园综合体建设项目内农民以承包土地出租、转包等方式参与田园综合体建设项目土地规模经营，促进土地资源的合理流动，实现土地资源的优化配置。同时，加强田园综合体建设项目土地流转管理工作，建立健全土地流转管理和服务体系。建立田园综合体建设项目就业对接机制，对流转农户优先安排到田园综合体建设项目的企业务工，让他们优先获得工资性收入，以"土地租金+务工工资+返利分红"的模式保障和提高土地流转户的收入。还可通过土地托管、种粮大户、农民专业合作社集中经营等方式，使土地这一主要生产要素进行高度聚集，形成规模化经营。

四、创新完善利益联结机制

田园综合体建设项目利益联结机制按照"利益共享、风险共担"的原则进一步完善，建设包括农户、农民合作组织（家庭农场、农民合作社等）、龙头企业在内的产业联盟，加强产业链整合和供应链管理。使农户、农民合作组织、龙头企业紧密联合，形成真正的利益共同体，实现利润合理分配，促进农业产业可持续健康发展。构建科学合理的运行机制，最大限度地发挥农户、合作组织、龙头企业、政府和金融部门等方面的作用，充分激发各类利益主体投入农业产业发展的积极性。

培育专业协会、农民专业合作社等中介组织。在农业生产环节加快发展农民专业合作社，在政府引导下，吸收龙头企业、金融单位参与合作社建设，解决农户的销售难、融资难、缺技术的发展困难，建立产业链各环节"利益共享、风险共担"的长效发展机制。农民以亩产小麦价格把土地流转给专业合作社，以土地租金获得稳定收入。

建立田园综合体建设项目就业对接机制，对流转农户优先安排到田园综合体建设项目的企业务工，让他们优先获得工资性收入，提高农民收入。

村集体经济组织以集体土地入股专业合作社、企业，解决企业用地，取得企业股份，参与企业每年的分红，使农民获得返利分红收入用于增加农民收入。村民参城镇环卫等方面工作，同样使这部分村民获得稳定的工资收入。

提升农户在产业发展中的地位。鼓励农户以大型农机、土地等资产入股农民合作组织，通过签订合同、协议、契约等，明确双方的权利和义务，规范各自的行为。建立利益保护机制，正确处理农民合作组织与农户的利益分配关系，把农民的利益放在首位。通过建立风险基金、合理让利、制定最低保护价、利润返还、预付定金、赊销生产资料等有效方式，积极扶持农户从事农业生产。

五、制定落实支持政策

为加快田园综合体项目建设，进一步优化投资环境，吸引更多工业、旅游项目投资，根据国家、省、市有关法律、法规和政策规定，结合垦利区实际，应制定相关支持政策。

（一）田园综合体建设项目专项政策

鼓励金融和社会资本投向田园综合体建设，统筹各渠道支农资金支持建设。田园综合体建设项目土地整理项目腾出的用地指标出让金用于田园综合体建设项目建设。积极整合美丽乡村建设试点项目资金、一事一议资金用于田园综合体建设。

（二）土地优惠政策

田园综合体建设项目内本地集体经济组织农民、畜牧业合作经济组织依照田园综合体建设项目土地利用总体规划，兴办规模化畜禽养殖所需用地，按农用地管理，不再办理农用地审批手续；其他企业和个人兴办或联合兴办规模化畜禽养殖项目，所需畜禽舍等生产设施及绿化隔离带用地，按农用地管理，不需办理农用地转用手续。对田园综合体建设项目用地和生活等配套设施用地，比照农村集体建设用地管理，须办理农用地转用手续，国土、建设、规划等部门在办理手续时免收各项行政事业性收费。在田园综合体建设项目内投资公益性和基础设施建设类的项目，免收所有田园综合体建设项目的基本建设前期费。

（三）财政扶持奖励政策

整合涉农资金，重点投向田园综合体建设项目基础设施建设，为田园综合体建设项目企业提供优良的配套环境和项目支持。

（四）信贷支持政策

区内各金融机构应加大对田园综合体建设项目企业的支持力度，对符合贷款条件的田园综合体建设项目内对农业合作社、村集体经济组织给予优先支持。整合涉农资金，重点投向田园综合体建设项目基础设施建设，为田园综合体建设项目企业提供优良的配套环境和项目支持。市、区内各金融机构应加大对田园综合体建设项目企业的支持力度，对符合贷款条件的田园综合体建设项目内农业科技企业和高新技术项目给予优先支持。

六、开拓多元投入机制

（一）拓宽金融支农渠道

金融服务是项目区健康运营发展的有力经济支撑，发展多元化、全方位的金融服务，对谋求项目的良性运转，提高创新创业成功率具有积极的意义。

应通过提升项目区内经营主体的组织化程度，不断完善项目的组织机制，以增强项目承贷能力。拓宽金融支农渠道：一是要充分利用政府对发展农业产业给予的金融信贷支持，争取多元化的农业融资渠道；二是要充分利用农村领域内的多种金融服务，借助农村商业银行以及本地的农村信用社、大型商业银行的综合作用，保障园区建设运营资金的充足；三是要充分利用涉农信贷与保险协作配合，借助具有财政支持的农业保险大灾风险分散机制，增强园区风险抵御能力。

（二）强化社会资本合作

项目建设需要大量的建设资金，单纯依靠国家资金远远不够，要通过多元融资渠道，吸引社会资本参与项目的投资、运营管理。项目建设应广泛采用政府和社会资本合作（Public-Private Partnership，PPP）模式，吸引更多社会资本、民间资金参与开展项目区建设，提高项目决策科学性，降低项目建设风险，激发项目运营活力。

七、树立生态保护意识

黄河口三角洲地区作为一个完整的生态系统，具有自然资源丰富，但生态环境条件脆弱的特点，这两点构成了黄河口三角洲地区生态系统的 2 个基本特点。项目建设将原有自然生态系统变成由农业生态系统和农业经济系统相结合的农业经济生态系统时，其人为规划和形成的农业经济系统和农业生态系统必须既充分利用当地生态系统丰富的自然资源，又充分考虑到这里自然生态系统的脆弱性，不采取破坏生态系统稳定性极限的经济行为，维护生态平衡。

黄河口三角洲生态系统的原始植被多是耐盐碱草木本植物，它们与黄河口的自然环境条件相适应，能增加土地表层的有机质，积累太阳光能、减少蒸发量。项目应在保留乡土植被的基础上选取适合当地栽培的农作物，如桃树、梨树等，农田林网应多采用当地乡土树种，如白蜡、苦楝、柽柳等，实现适地适树。

项目区应加快转变农业发展方式，大力发展循环农业经济，促进农业资源从粗放开发利用转向节约利用、集约利用、循环利用，这也是保护黄河口生态环境和有效利用农业资源的重要手段，符合田园综合体建设的根本方向。项目区应立足黄河口丰富的资源优势，积极探索合理的循环农业模式，通过建设有机肥加工厂，将项目区的秸秆等种植业废弃物以及加工产生的废弃物进行资源化再利用；构建"禽—果"种养结合循环农业产业模式等方式，实现项目区的循环发展。

结 束 语

田园综合体是集现代农业、休闲旅游、田园社区为一体的乡村综合发展模式，是通过旅游助力农业发展、促进三产融合的一种可持续性模式，是统筹谋划和科学推进乡村振兴战略的具体部署。本书总结了垦利田园综合体规划实践中的模式和特色，供同业人员相互学习、借鉴和参考。

除著者外，参加 11 个东营垦利区田园综合体试点项目系列规划的还有中国农业科学院农业资源与区划研究所、农业部规划设计研究院、中国农业大学、中国水产科学研究院等相关专家。在规划的完成过程中，得到垦利区区委、区政府、农业局、相关乡镇及企业的大力协助。借此，特向他们致以最衷心的感谢和敬意。

本书涉及国家、山东省、东营市及垦利区相关农业农村政策，在编写过程中，参考和引用了相关论文、著作、规划、内部资料等，在文末一一列出，便于读者进一步查阅。在书稿出版之际，谨向相关作者和单位一并致谢。

由于时间和水平有限，书中存在缺陷与不足，欢迎阅读本书的各位读者批评指正。修正意见可发至 gczx@caas.cn，或通过出版社转达。

主要参考文献

财政部 . 2017. 关于开展田园综合体建设试点工作的通知（财办〔2017〕29 号）.

财政部 . 2017. 开展农村综合性改革试点试验实施方案（财农〔2017〕53 号）.

东营市人民政府 . 2016. 东营市国民经济和社会发展第十三个五年规划纲要.

垦利县人民政府 . 2016. 垦利区国民经济和社会发展第十三个五年规划纲要.

山东省旅游局 . 2015. 山东"黄河入海"文化旅游目的地品牌建设规划（2016—2030）.

中华人民共和国国务院 . 2009. 黄河三角洲高效生态经济区发展规划.

中央一号文件 . 2017. 中共中央，国务院关于深入推进农业供给侧结构性改革加快培育农业农村发展新动能的若干意见.